内蒙古自治区呼和浩特市
草原有害生物普查报告

主　编　赵玉根　姜海燕

哈爾濱工業大學出版社

内 容 简 介

本书共 3 章：第一章为呼和浩特市草原有害生物普查工作报告，第二章为呼和浩特市草原有害生物普查结果报告，第三章为呼和浩特市草原有害生物普查名录。阐述了普查的 112 种有害生物的名称、拉丁学名、分布范围、寄主、危害部位、形态特征、症状特点、发生面积、发生地点等相关信息。

本书科学实用，可以作为农、林、牧业有害生物防治工作者鉴定和识别病、虫、毒害草、鼠害的工具书，也可供农林院校森林保护、林学、园林、植物保护等专业的师生参考。

图书在版编目（CIP）数据

内蒙古自治区呼和浩特市草原有害生物普查报告 / 赵玉根，姜海燕主编. —哈尔滨：哈尔滨工业大学出版社，2025. 5. — ISBN 978-7-5767-2091-4

Ⅰ. Q95；S451.23

中国国家版本馆 CIP 数据核字第 2025UQ1829 号

策划编辑　王桂芝
责任编辑　赵凤娟
出版发行　哈尔滨工业大学出版社
社　　址　哈尔滨市南岗区复华四道街 10 号　邮编 150006
传　　真　0451-86414749
网　　址　http://hitpress.hit.edu.cn
印　　刷　哈尔滨博奇印刷有限公司
开　　本　787 mm×1 092 mm　1/16　印张 12.5　字数 310 千字
版　　次　2025 年 5 月第 1 版　2025 年 5 月第 1 次印刷
书　　号　ISBN 978-7-5767-2091-4
定　　价　98.00 元

编 写 人 员

主　　编：赵玉根（呼和浩特市林业和草原保护中心）

姜海燕（内蒙古农业大学）

参编人员：张素华（呼和浩特市林业和草原保护中心）

贾晨光（呼和浩特市林业和草原保护中心）

韩　丽（呼和浩特市林业和草原保护中心）

关占荣（呼和浩特市林业和草原保护中心）

高　山（呼和浩特市林业和草原保护中心）

胡建京（呼和浩特市林业和草原保护中心）

王　静（呼和浩特市林业和草原保护中心）

刘俊辉（呼和浩特市林业和草原保护中心）

白　龙（呼和浩特市林业和草原保护中心）

宋佳莉（呼和浩特市林业和草原保护中心）

巴音布和（呼和浩特市林业和草原保护中心）

闫美霞（呼和浩特市林业和草原保护中心）

丛　林（内蒙古农业大学）

晁开瑞（内蒙古农业大学）

刘恒达（内蒙古蒙正工程咨询服务有限责任公司）

前　言

草原作为人类生存不可缺少的资源，具有极高的价值，约占陆地面积的24%和全球陆地碳储量的10%。草原生态系统在维护区域乃至全球生态平衡、保护生物多样性、碳储存、防风固沙和蓄水保土等方面具有巨大、不可替代的多种生态系统服务作用且具有重要的社会经济价值。然而，在过去的半个世纪里，大气中 CO_2 和其他温室气体的积累，加速全球气候变暖，加上其他极端天气（比如强降雨、干旱等）和管理实践（如过度放牧、有害生物危害、入侵物种引入、无管制收集矿产和药用资源等）等因素的叠加，世界上大部分草原均出现大规模的丧失和退化，表现为草原系统层面的陆地生物多样性受到影响（包括物种地理范围、多样性、生产力、丰度以及物候、生理和繁殖特性的变化），生物群落结构改变，生态系统功能和服务遭到破坏，土壤侵蚀加剧，碳损失增加，进而影响人类福祉并制约社会经济的可持续发展。

由草原有害生物引发的草原生物灾害是我国草原重大自然灾害之一，草原有害生物防控是草原建设的重要保障，做好草原有害生物防治工作事关重大，这就要求必须采取有效措施遏制草原有害生物的危害，努力维护草原生态安全。呼和浩特市地处内蒙古自治区中部，全市草地面积831.89万亩（1亩≈666.7 m^2）。其草原面积大、分布广泛、类型多样、资源种类丰富，栖居的有害生物丰富。开展草原有害生物普查就是对呼和浩特市草原有害生物发生危害的基本情况进行全面系统的调查，为科学制订防治规划、有效开展草原有害生物的预防和治理提供全面、准确、客观的信息。通过普查，可以更好地保障国土生态安全、草原经济安全、种质资源安全、货物贸易安全及生物多样性，对促进我国草原生态文明建设、草原可持续经营管理工作发展均具有重大的现实和深远意义。

本次普查历时3年，取得了丰硕成果。呼和浩特市草原有害生物普查区域包括赛罕区、玉泉区、回民区、新城区、土默特左旗、托克托县、和林格尔县、武川县、清水河县；共设踏查线路70条，完成踏查里程 5 299.47 km；共设标准地59个；共采集、制作各类有害生物标本112种。普查系统中共录入拍摄影像资料672张，其中，虫害照片420张，病害照片 72 张，毒害草照片 138 张，鼠害照片 36 张。普查系统中共录入虫害标本 68 种，毒害草标本 23 种，病害标本 12 种，鼠害标本 6 种。

为提高普查效率，在坚持以传统、科学、实用的方法为主的同时，积极探索地理信息系统（GIS）、遥感、物联网等普查新技术，GIS 技术、遥感和无人机监测技术、有害生物普查软件信息系统等得到有效应用。内蒙古自治区林业和草原局林业有害生物防治检疫总站完成了普查信息系统培训，构建和完善了草原有害生物数据库，提高了工作效率，规范了统计标准。

为有效发挥普查成果的作用，呼和浩特市林业和草原保护中心有关人员对普查资料和数据进行了系统整理和全面分析总结，并汇编整理成本书。本书对这次普查的成果进行了全面展示，提供了本次普查的工作报告、结果报告、有害生物名录，以便各地参考使用。

呼和浩特市林业和草原保护中心、内蒙古农业大学参与了本次普查工作，付出了巨大的努力，并对本次普查成果汇总和本书汇编整理给予了鼎力支持。呼和浩特市林业和草原局、内蒙古农业大学参与了本次普查的方案编制、技术培训与指导、检查督导、成果汇总和本书编撰工作。主要参与人员有赵玉根、张素华、贾晨光、韩丽、关占荣、高山、胡建京、王静、刘俊辉、白龙、宋佳莉、巴音布和、闫美霞、高永春、王布赫、刘红成、田秀峰、张彦、马海龙、杨昊、王冬梅、姜海燕、丛林、刘殿国、樊永军、张丽艳、白慧、张旭州、王义贺、孟达、张燕如、王晓丽、刘冠志、晁开瑞、高岳、白娜娜、迁力根、曹雪、房钰欣、蒋萌萌、兰佳贺、刘恒达。在此对各位参与人员给予的大力支持和帮助一并表示感谢。

尽管编写人员为本书付出了辛勤劳动，但仍会存在疏漏之处，恳请读者提出宝贵意见。

编　者

2025 年 1 月

目　录

第一章　呼和浩特市草原有害生物普查工作报告

根据《国家林业和草原局办公室关于开展全国草原有害生物普查工作的通知》（办草字〔2020〕87 号）、内蒙古自治区呼和浩特市林业和草原局关于印发《全区草原监测评价和草原有害生物普查工作方案》的通知（内林草草管发〔2021〕87 号）、《内蒙古自治区外来入侵物种普查总体方案》的要求，为查明呼和浩特市草原有害生物发生种类、面积、分布及危害程度，系统评估草原有害生物的危害现状及未来发生趋势，呼和浩特市林业和草原局全面开展了呼和浩特市草原有害生物普查工作。

一、组织管理情况

（一）组织体系建立及运行情况

由于本次草原有害生物普查工作涉及面广，时间紧，任务重，难度大，因此，必须加强领导，明确分工，将任务落到实处。为了抓好本次普查工作，按照上级部门要求，呼和浩特市林业和草原局全面负责本次草原有害生物普查工作的组织领导工作，成立了有害生物普查领导小组，组长为呼和浩特市林业和草原局局长。普查领导小组主要职责是全面负责草原有害生物普查工作，对于参与普查工作的人员进行技术培训，保障普查经费和物资按时全面到位，指导基层单位组建专业普查组，以保证此次普查工作顺利完成。

呼和浩特市林业和草原局有害生物普查领导小组成员名单如下。

组　长：王志强

副组长：曹文娟

成　员：赵玉根、张素华、冯伟、刘俊花、宝音、赵一凡

呼和浩特市林业和草原局草原有害生物普查领导小组下设办公室，成员为：

主　任：赵玉根

副主任：贾晨光

草原有害生物普查工作组成员：

关占荣、高山、胡建京、韩丽、王静、白龙、宋佳莉、巴音布和、闫美霞、高永春、王布赫、刘红成、田秀峰、张彦、马海龙、杨昊、王冬梅

（二）专家团队建立及运行情况

普查领导小组设立了普查专家组，专家组成员由内蒙古农业大学教师组成。普查专家组组长负责普查方案的制订、普查报告的审定、物种鉴定以及外业和内业技术指导、普查系统的完善和维护，使得普查工作顺利完成。普查专家组内设立普查人员，普查人员主要由教师和学生组成，协助呼和浩特市林业和草原局完成草原有害生物的普查工作。

普查专家组成员名单如下。

组　长：姜海燕

副组长：丛　林

成　员：刘殿国、樊永军、晁开瑞、张燕如、张丽艳、王晓丽、高岳、刘冠志等

普查人员由专家组教师和白慧、张旭州、王义贺、孟达、白娜娜、迁力根、曹雪、房钰欣、蒋萌萌、兰佳贺、闫奕霖、樊学伦、李越、刘明磊等 14 名内蒙古农业大学硕士研究生及 2018 级、2019 级、2020 级森林保护专业本科生 56 人组成。

呼和浩特市林业和草原局草原有害生物普查专家组及普查人员名单见表 1.1。

表 1.1　呼和浩特市林业和草原局草原有害生物普查专家组及普查人员名单

序号	姓名	性别	职称	学位	从事专业
1	姜海燕（内蒙古农业大学）	女	教授	博士	森林保护
2	丛林（内蒙古农业大学）	男	副教授	博士	森林保护
3	刘殿国（内蒙古农业大学）	男	副教授	本科	野生动植物
4	樊永军（内蒙古农业大学）	男	教授	博士	植物分类
5	张丽艳（内蒙古农业大学）	女	副教授	博士	森林保护
6	张燕如（内蒙古农业大学）	女	副教授	博士	森林保护
7	王晓丽（内蒙古农业大学）	女	讲师	博士	森林保护
8	刘冠志（内蒙古农业大学）	男	副教授	博士	植物
9	晁开瑞（内蒙古农业大学）	男	实验员	硕士	森林保护
10	高岳（内蒙古农业大学）	男	讲师	博士	森林保护

（三）工作责任落实情况

为深入贯彻落实《国家林业和草原局办公室关于开展全国草原有害生物普查工作的通知》文件精神，做好普查前期各项准备工作，2022 年 3 月，呼和浩特市林业和草原局召开草原有害生物普查工作会议。呼和浩特市林业和草原局领导对草原有害生物普查工作高度重视，在普查经费、人员、物资等方面给予大力支持，并协调相关部门予以技术和人员上的帮助，及时解决普查工作中遇到的困难和问题，做好组织动员、方案制订、经费落实、

人员培训、社会宣传、资料收集等准备工作，切实把普查工作做好并落到实处。要求各负责单位编制草原有害生物普查工作实施方案，将普查工作纳入年度目标考核，层层签订责任状，明确目标，严格技术规程和技术要点，确定普查内容，加强督导，确保普查质量。要求各区、旗、县林业和草原局上下统一思想认识，统一部署，统一步调，统一时间开展普查工作，真正做到普查各项事务有人管、有人抓、有人干，做到数据填写科学、规范。

二、普查开展情况

（一）外业工作情况

2022 年 4 月～2023 年 8 月，呼和浩特市林业和草原局每月进行 1～2 次草原有害生物踏查。

1. 啮齿动物

（1）线路设置。

规划了 17 条鼠害踏查线路，踏查里程为 1 265.2 km，踏查面积 26 694 hm^2，踏查点 16 个；设置鼠害标准地 15 个，覆盖面积 24 hm^2。

（2）踏查时间和调查区域。

根据呼和浩特市草原有害生物的发生发展规律，结合气候条件，将普查时间安排在每年 4～8 月，每月进行两次调查。调查区域包括赛罕区、玉泉区、回民区、新城区、土默特左旗、托克托县、和林格尔县、武川县、清水河县。

（3）完成情况。

呼和浩特市林业和草原局按照普查技术方案要求，完成全部 17 条规划线路踏查任务，每条线路最少踏查一次。计划完成踏查任务面积 14 049 hm^2，实际完成踏查面积 26 694 hm^2，完成率约 190%，超额完成普查任务。标准地调查按设置要求 100%完成。

2. 草原虫害

（1）线路设置。

规划了 18 条虫害踏查线路，踏查里程为 1 350.6 km，踏查面积 27 506 hm^2，踏查点 206 个；设置虫害标准地 34 个，覆盖面积 18 hm^2。

（2）踏查时间和踏查区域。

根据呼和浩特市草原有害生物的发生发展规律，结合气候条件，将普查时间安排在每年 4～8 月，每月进行两次调查。调查区域包括赛罕区、玉泉区、回民区、新城区、土默特左旗、托克托县、和林格尔县、武川县、清水河县。

（3）完成情况。

呼和浩特市林业和草原局按照普查技术方案要求，完成全部 18 条规划线路踏查任务，每条线路最少踏查一次。计划完成踏查任务面积 13 248 hm^2，实际完成踏查面积 27 506 hm^2，完成率约 208%，超额完成普查任务。标准地调查按设置要求 100%完成。

3. 草原毒害草

（1）线路设置。

规划了 19 条毒害草普查线路，踏查里程为 1 436.09 km，踏查面积 28 359 hm^2，踏查点 228 个；设置毒害草标准地 8 个，覆盖面积 4 hm^2。

（2）踏查时间和踏查区域。

根据呼和浩特市草原有害生物的发生发展规律，结合气候条件，将普查时间安排在每年 4～8 月，每月进行两次调查。调查区域包括赛罕区、玉泉区、回民区、新城区、土默特左旗、托克托县、和林格尔县、武川县、清水河县。

（3）完成情况。

呼和浩特市林业和草原局按照普查技术方案要求，完成全部 19 条规划线路踏查任务，每条线路最少踏查一次。计划完成踏查任务面积 14 104 hm^2，实际完成踏查面积 28 359 hm^2，完成率约 201%，超额完成普查任务。标准地调查按设置要求 100%完成。

4. 草原病害

（1）线路设置。

规划了 16 条草原病害普查线路，踏查里程为 1 247.58 km，踏查面积 26 517 hm^2，病害踏查点 54 个；设置病害标准地 2 个，覆盖面积 1.5 hm^2。

（2）踏查时间和踏查区域。

根据呼和浩特市草原有害生物的发生发展规律，结合气候条件，将普查时间安排在每年 4～8 月，每月进行两次调查。调查区域包括赛罕区、玉泉区、回民区、新城区、土默特左旗、托克托县、和林格尔县、武川县、清水河县。

（3）完成情况。

呼和浩特市林业和草原局按照普查技术方案要求，完成全部 16 条规划线路踏查任务，每条线路最少踏查一次。计划完成踏查任务面积 11 562 hm^2，实际完成踏查面积 26 517 hm^2，完成率约 229%，超额完成普查任务。标准地调查按设置要求 100%完成。

（二）内业工作情况

1. 标本采集制作和鉴定

（1）草原鼠害标本。

共制作和鉴定草原鼠害标本 6 种 12 份，包括短耳仓鼠、长爪沙鼠、子午沙鼠、中华鼢鼠、五趾跳鼠、达乌尔黄鼠。

（2）草原虫害标本。

共制作和鉴定草原虫害标本 68 种 122 份。其中，直翅目 11 种，为无齿稻蝗、短星翅蝗、红翅皱膝蝗、鼓翅皱膝蝗、亚洲小车蝗、黄胫小车蝗、黄胫异痂蝗、中华剑角蝗、白边雏蝗、笨蝗、日本蚱；双翅目 1 种，为大蚊；鳞翅目 21 种，为斑缘豆粉蝶、云粉蝶、菜粉蝶、黎明豆粉蝶、蛇眼蝶、白眼蝶、仁眼蝶、蓝灰蝶、多眼灰蝶、灿福蛱蝶、小红蛱蝶、重环蛱蝶、荨麻蛱蝶、放影夜蛾、裳夜蛾、蝶青尺蛾、双斜线尺蛾、苹枯叶蛾、黄脉天蛾、舞毒蛾、柳毒蛾；同翅目 2 种，为大青叶蝉、中华象蜡蝉；半翅目 13 种，为横纹菜蝽、二星蝽、尖头麦蝽、菜蝽、紫翅果蝽、斑须蝽、珠蝽、苜蓿盲蝽、亚姬缘蝽、横带红长蝽、角红长蝽、地红蝽、淡带荆猎蝽；鞘翅目 20 种，为中华萝藦肖叶甲、双斑长跗萤叶甲、黑足黑守瓜、广聚萤叶甲、多型虎甲红翅亚种、西伯利亚绿象、婪步甲、拟步甲、白星花金龟、华北大黑鳃金龟、粗绿彩丽金龟、多异瓢虫、中华食蜂郭公虫、多带天牛、麻斑草天牛、绿芫菁、苹斑芫菁、中华芫菁、红头豆芫菁、腋斑芫菁。

（3）草原毒害草标本。

共制作和鉴定草原毒害草标本 23 种 44 份，包括斜茎黄芪、高山黄华、苦马豆、砂珍棘豆、狭叶荨麻、蒺藜、菟丝子、天仙子、苍耳、欧亚蓝刺头、飞廉、鹤虱、刺儿菜、小蓬草、木贼、黄花刺茄、翠雀、瑞香狼毒、萝藦、达乌里秦艽、地梢瓜、骆驼蓬、酸模。

（4）草原病害标本。

共制作和鉴定草原病害标本 12 种 23 份，包括披针叶野决明白粉病、车前白粉病、胡枝子白粉病、米口袋白粉病、草木樨白粉病、苜蓿白粉病、田旋花白粉病、苦荬菜白粉病、草木樨状黄芪白粉病、羊草叶斑病、委陵菜锈病、铁线莲锈病。

2. 影像收集

呼和浩特市林业和草原局在野外踏查和标准地调查过程中，对发现的有害生物种类及时用数码相机拍摄其形态学、生物学、危害状等，共拍摄影像资料 672 张。其中，虫害照片 420 张，病害照片 72 张，毒害草照片 138 张，鼠害照片 36 张。

3. 工作时间、人员投入

（1）2022 年 6～9 月 ，外业调查和内业整理。

外业人员：关占荣、高山、胡建京、韩丽、王静、白龙、宋佳莉、巴音布和、闫美霞、高永春、王布赫、刘红成、田秀峰、张彦、马海龙、杨昊、王冬梅、姜海燕、丛林、刘殿国、樊永军、张丽艳、白慧、张旭州、王义贺、孟达。

内业人员：张燕如、王晓丽、刘冠志、晁开瑞、高岳、白娜娜、迁力根、曹雪、房钰欣、蒋萌萌、兰佳贺、内蒙古农业大学 2018 级和 2019 级森林保护专业本科生。

（2）2022 年 10 月～2023 年 4 月，内业整理。

内业人员：姜海燕、丛林、刘殿国、晁开瑞、高岳、白娜娜、迁力根、樊永军、张丽艳、张燕如、王晓丽、刘冠志、白慧、张旭州、王义贺、孟达、曹雪、房钰欣、蒋萌萌、兰佳贺。

（3）2023 年 5～10 月，外业补充和内业整理，撰写技术报告、总结报告、风险分析等材料。

外业人员：关占荣、高山、胡建京、韩丽、王静、白龙、宋佳莉、巴音布和、闫美霞、高永春、王布赫、刘红成、田秀峰、张彦、马海龙、杨昊、王冬梅、樊永军、张丽艳、张燕如、王晓丽、刘冠志、白慧、张旭州、王义贺。

内业人员：姜海燕、丛林、刘殿国、孟达、曹雪、房钰欣、蒋萌萌、兰佳贺、白娜娜、迁力根、闫奕霖、李越、刘明磊、樊学伦、内蒙古农业大学 2019 级和 2020 级森林保护专业本科生。

（三）普查成果情况

通过本次草原有害生物普查工作，呼和浩特市林业和草原局共采集和制作有害生物标本 112 种 205 份，具体情况如下。

1. 草原鼠害

共制作和鉴定草原鼠害标本 6 种，具体草原鼠害种类及分布情况如下。

（1）短耳仓鼠 *Allocricetulus eversmanni*。

危害部位：叶部、茎部、根部。

发生情况：中度发生。

分布地点：呼和浩特市武川县、和林格尔县、回民区、赛罕区。

（2）长爪沙鼠 *Meriones unguiculatus*。

危害部位：叶部、茎部、根部。

发生情况：中度发生。

分布地点：呼和浩特市和林格尔县。

（3）子午沙鼠 *Meriones meridianus*。

危害部位：叶部、茎部、根部。

发生情况：轻度发生。

分布地点：呼和浩特市和林格尔县。

（4）中华鼢鼠 *Myospalax fontanieri*。

危害部位：叶部、茎部、根部。

发生情况：中度发生。

分布地点：呼和浩特市和林格尔县。

（5）五趾跳鼠 *Allactaga sibirica*。

危害部位：茎部、根部。

发生情况：中度发生。

分布地点：呼和浩特市和林格尔县、武川县、托克托县、清水河县。

（6）达乌尔黄鼠 *Spermophilus dauricus*。

危害部位：茎部、根部。

发生情况：中度发生。

分布地点：呼和浩特市武川县、托克托县、赛罕区、玉泉区、清水河县、土默特左旗、新城区。

2. 草原虫害

共制作和鉴定草原虫害标本 68 种，其中，直翅目 11 种、双翅目 1 种、鳞翅目 21 种、同翅目 2 种、半翅目 13 种、鞘翅目 20 种。具体草原虫害种类及分布情况如下。

（1）无齿稻蝗 *Oxya adentata*。

寄主：黄豆、棉花、水稻、小麦、玉米。

危害部位：全株。

发生情况：中度发生。

分布地点：呼和浩特市回民区。

（2）短星翅蝗 *Calliptamus abbreviatus*。

寄主：豆科及禾本科植物。

危害部位：全株。

发生情况：重度发生。

分布地点：呼和浩特市武川县、托克托县、和林格尔县、赛罕区、回民区、清水河县、玉泉区、新城区。

（3）红翅皱膝蝗 *Angaracris rhodopa*。

寄主：菊科、禾本科牧草。

危害部位：叶部。

发生情况：中度发生。

分布地点：呼和浩特市和林格尔县、玉泉区、回民区、武川县、托克托县、赛罕区、清水河县。

（4）鼓翅皱膝蝗 *Angaracris barabensis*。

寄主：马铃薯、大豆、蔬菜、禾本科作物、杂草等。

危害部位：叶部。

发生情况：重度发生。

分布地点：呼和浩特市和林格尔县、赛罕区、回民区、武川县、托克托县、玉泉区、清水河县。

（5）亚洲小车蝗 *Oedaleus decorus asiaticus*。

寄主：玉米、小麦、谷类、高粱、芦苇、茅草。

危害部位：全株。

发生情况：中度发生。

分布地点：呼和浩特市和林格尔县、赛罕区、玉泉区、武川县、托克托县、清水河县、回民区、土默特左旗、新城区。

（6）黄胫小车蝗 *Oedaleus infernalis*。

寄主：小麦、水稻等作物及杂草。

危害部位：叶部。

发生情况：中度发生。

分布地点：呼和浩特市和林格尔县、托克托县、武川县。

（7）黄胫异痂蝗 *Bryodemella holdereri*。

寄主：小麦、谷子、杂草等禾本科和莎草科植物。

危害部位：叶部。

发生情况：中度发生。

分布地点：呼和浩特市武川县。

（8）中华剑角蝗 *Acrida cinerea*。

寄主：广泛。

危害部位：全株。

发生情况：重度发生。

分布地点：呼和浩特市和林格尔县、赛罕区、回民区、武川县、托克托县、清水河县、玉泉区、土默特左旗、新城区。

（9）白边雏蝗 *Chorthippus albomarginatus*。

寄主：禾本科植物及其他杂草。

危害部位：全株。

发生情况：轻度发生。

分布地点：呼和浩特市武川县。

（10）笨蝗 *Haplotropis brunneriana*。

寄主：禾本科单子叶草类（莀草、白草、狗尾草及菅）、双子叶杂草类（尖裂假还阳参、米口袋、地肤及藜）等。

危害部位：全株。

发生情况：轻度发生。

分布地点：呼和浩特市和林格尔县。

（11）日本蚱 *Tetrix japonica*。

寄主：番薯、水稻、小麦、甘蔗等作物。

危害部位：全株。

发生情况：中度发生。

分布地点：呼和浩特市武川县。

（12）大蚊 *Tipulidae* sp.。

寄主：谷类和牧草。

危害部位：全株。

发生情况：中度发生。

分布地点：呼和浩特市和林格尔县、武川县。

（13）斑缘豆粉蝶 *Colias erate*。

寄主：大豆、苜蓿等植物。

危害部位：叶部。

发生情况：中度发生。

分布地点：呼和浩特市赛罕区、玉泉区、托克托县、回民区、武川县、清水河县。

（14）云粉蝶 *Pontia edusa*。

寄主：萝卜、白菜、甘蓝、油菜、荠菜等十字花科蔬菜及豆科牧草。

危害部位：叶部。

发生情况：中度发生。

分布地点：呼和浩特市和林格尔县、玉泉区、回民区、武川县、托克托县、赛罕区、清水河县。

（15）菜粉蝶 *Pieris rapae*。

寄主：各种蔬菜。

危害部位：叶部。

发生情况：中度发生。

分布地点：呼和浩特市托克托县、和林格尔县。

（16）黎明豆粉蝶 *Colias heos*。

寄主：豆科植物。

危害部位：叶部。

发生情况：轻度发生。

分布地点：呼和浩特市和林格尔县。

（17）蛇眼蝶 *Minois dryas*。

寄主：水稻、芒草。

危害部位：叶部。

发生情况：中度发生。

分布地点：呼和浩特市赛罕区、玉泉区、武川县、托克托县、清水河县、和林格尔县、回民区。

（18）白眼蝶 *Melanargia halimede*。

寄主：水稻、甘蔗、竹。

危害部位：叶部。

发生情况：中度发生。

分布地点：呼和浩特市和林格尔县、清水河县。

（19）仁眼蝶 *Eumenis autonoe*。

寄主：禾本科植物。

危害部位：叶部。

发生情况：轻度发生。

分布地点：呼和浩特市和林格尔县、清水河县、回民区。

（20）蓝灰蝶 *Everes argiades*。

寄主：大豆、豌豆、豇豆、苜蓿、紫云英等豆科植物。

危害部位：叶部。

发生情况：中度发生。

分布地点：呼和浩特市和林格尔县、赛罕区、托克托县。

（21）多眼灰蝶 *Polyommatus eros*。

寄主：豆科、壳斗科、桑寄生科、蔷薇科、茜草科、景天科等植物。

危害部位：叶部。

发生情况：中度发生。

分布地点：呼和浩特市和林格尔县、赛罕区、玉泉区、武川县、托克托县、清水河县。

（22）灿福蛱蝶 *Fabriciana adippe*。

寄主：堇菜科植物。

危害部位：叶部。

发生情况：轻度发生。

分布地点：呼和浩特市武川县、和林格尔县、清水河县、玉泉区。

（23）小红蛱蝶 *Vanessa cardui*。

寄主：堇菜科、忍冬科、杨柳科、桑科、榆科、麻类、大戟科、茜草科等植物。

危害部位：叶部。

发生情况：轻度发生。

分布地点：呼和浩特市托克托县。

（24）重环蛱蝶 *Neptis alwina*。

寄主：桃、梅、李、杏及草。

危害部位：叶部。

发生情况：轻度发生。

分布地点：呼和浩特市武川县。

（25）荨麻蛱蝶 *Aglais urticae*。

寄主：荨麻科植物。

危害部位：叶部。

发生情况：轻度发生。

分布地点：呼和浩特市回民区。

（26）放影夜蛾 *Lygephila craccae*。

寄主：豆科、壳斗科、桑寄生科、蔷薇科、茜草科、景天科等植物。

危害部位：叶部。

发生情况：中度发生。

分布地点：呼和浩特市武川县、和林格尔县、托克托县、清水河县、赛罕区、回民区、玉泉区。

（27）裳夜蛾 *Catocala nupta*。

寄主：杨、柳。

危害部位：叶部。

发生情况：中度发生。

分布地点：呼和浩特市和林格尔县、武川县。

（28）蝶青尺蛾 *Geometra papilionaria*。

寄主：丁香、杨、水曲柳、椴。

危害部位：叶部。

发生情况：中度发生。

分布地点：呼和浩特市和林格尔县、武川县、清水河县。

（29）双斜线尺蛾 *Conchia mundataria*。

寄主：栎、杨。

危害部位：叶部。

发生情况：轻度发生。

分布地点：呼和浩特市和林格尔县。

（30）苹枯叶蛾 *Odonestis pruni*。

寄主：苹果、梨、桃、李、梅、樱桃及其他蔷薇科植物。

危害部位：叶部。

发生情况：轻度发生。

分布地点：呼和浩特市和林格尔县。

（31）黄脉天蛾 *Amorpha amurensis*。

寄主：小叶杨、山杨、桦、椴。

危害部位：叶部。

发生情况：中度发生。

分布地点：呼和浩特市和林格尔县、武川县、清水河县、托克托县。

（32）舞毒蛾 *Lymantria dispar*。

寄主：苹果、柿、梨、桃、杏、樱桃、栗、橡、杨、柳、桑、榆、落叶松、樟子松、栎、李、桦、山楂、槭、椴、云杉、马尾松、云南松、油松、华山松、红松等500多种植物。

危害部位：叶部。

发生情况：轻度发生。

分布地点：呼和浩特市和林格尔县。

（33）柳毒蛾 *Stilpnotia salicis*。

寄主：棉花、茶树、杨、柳、栎、栗、樱桃、梨、梅、杏、桃等。

危害部位：叶部。

发生情况：中度发生。

分布地点：呼和浩特市武川县、和林格尔县、托克托县、清水河县。

（34）大青叶蝉 *Cicadella viridis*。

寄主：大豆、马铃薯等。

危害部位：叶部。

发生情况：中度发生。

分布地点：呼和浩特市武川县、和林格尔县、玉泉区、托克托县、清水河县、赛罕区、回民区。

（35）中华象蜡蝉 *Dictyophara sinica*。

寄主：桑、柑橘、香樟、桉、蜡梅、菊花、水稻、玉米、高粱、甘蔗。

危害部位：叶部、根部、茎部。

发生情况：中度发生。

分布地点：呼和浩特市武川县、和林格尔县、赛罕区、托克托县、回民区、玉泉区。

（36）横纹菜蝽 *Eurydema gebleri*。

寄主：甘蓝、紫甘蓝、西兰花、花椰菜、白菜、萝卜、樱桃萝卜、油菜、芥菜、板蓝根、白屈菜等。

危害部位：叶部、根部、茎部。

发生情况：轻度发生。

分布地点：呼和浩特市和林格尔县、赛罕区、武川县、回民区。

（37）二星蝽 *Eysacoris guttiger*。

寄主：麦类作物及水稻、棉花、大豆、高粱、玉米、甘薯、茄、桑、无花果等。

危害部位：叶部、根部、茎部。

发生情况：中度发生。

分布地点：呼和浩特市赛罕区。

（38）尖头麦蝽 *Aelia acuminate*。

寄主：麦类作物及水稻、苜蓿等。

危害部位：叶部、根部、茎部。

发生情况：轻度发生。

分布地点：呼和浩特市武川县。

（39）菜蝽 *Eurydema dominulus*

寄主：甘蓝、花椰菜、白菜、萝卜、油菜、芥菜等十字花科蔬菜。

危害部位：叶部、根部、茎部。

发生情况：轻度发生。

分布地点：呼和浩特市托克托县。

（40）紫翅果蝽 *Carpocoris purpureipennis*。

寄主：枣、沙枣、苹果、梨、枸杞、白刺、马铃薯、胡萝卜、萝卜、甘草、小麦等。

危害部位：叶部、根部、茎部。

发生情况：轻度发生。

分布地点：呼和浩特市和林格尔县、武川县。

（41）斑须蝽 *Dolycoris baccarum*。

寄主：麦类、麻类作物及水稻、大豆、玉米、粟、甜菜、苜蓿等。

危害部位：叶部、根部、茎部。

发生情况：轻度发生。

分布地点：呼和浩特市托克托县。

（42）珠蝽 *Rubiconia intermedia*。

寄主：麦类、豆类作物及水稻、苹果、枣、柳叶菜、水芹等。

危害部位：叶部、根部、茎部。

发生情况：轻度发生。

分布地点：呼和浩特市和林格尔县。

（43）苜蓿盲蝽 *Adelphocoris lineolatus*。

寄主：苜蓿、草木樨、马铃薯、棉花等作物。

危害部位：叶部、根部、茎部。

发生情况：中度发生。

分布地点：呼和浩特市清水河县、回民区。

（44）亚姬缘蝽 *Corizus albomarginatus*。

寄主：小麦、苜蓿、铁杆蒿、蒲公英、鸦葱。

危害部位：叶部、根部、茎部。

发生情况：中度发生。

分布地点：呼和浩特市清水河县、玉泉区。

（45）横带红长蝽 *Lygaeus equestris*。

寄主：瓜类蔬菜等。

危害部位：叶部、根部、茎部。

发生情况：轻度发生。

分布地点：呼和浩特市和林格尔县。

（46）角红长蝽 *Lygaeus hanseni*。

寄主：瓜类蔬菜。

危害部位：叶部、根部、茎部。

发生情况：中度发生。

分布地点：呼和浩特市武川县。

（47）地红蝽 *Pyrrhocoris tibialis*。

寄主：冬葵、禾本科杂草。

危害部位：叶部、根部、茎部。

发生情况：中度发生。

分布地点：呼和浩特市和林格尔县、武川县。

（48）淡带荆猎蝽 *Acanthaspis cincticrus*。

寄主：禾本科植物。

危害部位：叶部、根部、茎部。

发生情况：轻度发生。

分布地点：呼和浩特市和林格尔县。

（49）中华萝藦肖叶甲 *Chrysochus chinensis*。

寄主：蕹菜、地梢瓜、曼陀罗、鹅绒藤、戟叶鹅绒藤及黄芪属、罗布麻属植物。

危害部位：叶部、根部、茎部。

发生情况：轻度发生。

分布地点：呼和浩特市武川县、和林格尔县、托克托县、清水河县、赛罕区、玉泉区。

（50）双斑长跗萤叶甲 *Monolepta hieroglyphica*。

寄主：豆类、苜蓿、玉米、茼蒿、胡萝卜、向日葵、杏、苹果等作物。

危害部位：叶部。

发生情况：中度发生。

分布地点：呼和浩特市武川县、和林格尔县、托克托县、清水河县、赛罕区、回民区、玉泉区。

（51）黑足黑守瓜 *Aulacophora nigripennis*。

寄主：栝楼、苦瓜、丝瓜、黄瓜、南瓜、冬瓜、罗汉果等。

危害部位：叶部。

发生情况：重度发生。

分布地点：呼和浩特市托克托县、赛罕区、和林格尔县、清水河县、玉泉区、回民区、武川县。

（52）广聚萤叶甲 *Ophraella communa*。

寄主：豆类、马铃薯、苜蓿、玉米、茼蒿、胡萝卜、向日葵、杏树、苹果等作物。

危害部位：叶部。

发生情况：中度发生。

分布地点：呼和浩特市武川县、和林格尔县。

（53）多型虎甲红翅亚种 *Cicindela hybrida*。

寄主：棉花等作物。

危害部位：根部。

发生情况：轻度发生。

分布地点：呼和浩特市和林格尔县。

（54）西伯利亚绿象 *Chlorophanus sibiricus*。

寄主：苹果、杨、柳。

危害部位：叶部、根部、茎部。

发生情况：中度发生。

分布地点：呼和浩特市武川县、赛罕区、清水河县。

（55）婪步甲 *Harpalus* sp.。

寄主：小麦、大麦、燕麦及黍科植物的种子。

危害部位：叶部、根部、茎部。

发生情况：中度发生。

分布地点：呼和浩特市武川县。

（56）拟步甲 *Tenebrio* sp.。

寄主：干燥腐败的植物等。

危害部位：叶部、根部、茎部。

发生情况：中度发生。

分布地点：呼和浩特市和林格尔县、武川县、托克托县。

（57）白星花金龟 *Protaetia brevitarsis*。

寄主：粮食、水果、蔬菜等经济作物。

危害部位：叶部、根部、茎部。

发生情况：轻度发生。

分布地点：呼和浩特市赛罕区。

（58）华北大黑鳃金龟 *Holotrichia oblita*。

寄主：杨、柳、榆、桑、核桃、苹果、刺槐、栎等多种树。

危害部位：叶部、根部、茎部。

发生情况：中度发生。

分布地点：呼和浩特市和林格尔县、清水河县、赛罕区、武川县、回民区、玉泉区、托克托县。

（59）粗绿彩丽金龟 *Mimela holosericea*。

寄主：葡萄、苹果。

危害部位：叶部、根部、茎部。

发生情况：中度发生。

分布地点：呼和浩特市清水河县。

（60）多异瓢虫 *Hippodamia variegata*。

寄主：棉蚜、麦蚜、豆蚜、玉米蚜，多见于棉花、小麦、豇豆、玉米等作物。

危害部位：叶部、根部、茎部。

发生情况：中度发生。

分布地点：呼和浩特市和林格尔县、武川县。

（61）中华食蜂郭公虫 *Trichodes sinae*。

寄主：蔷薇科、菊科、忍冬科等灌木和草本植物。

危害部位：叶部、根部、茎部。

发生情况：轻度发生。

分布地点：呼和浩特市和林格尔县。

（62）多带天牛 *Polyzonus fasciatus*。

寄主：杨、柳、刺槐、侧柏、麻栎、玫瑰等。

危害部位：叶部、根部、茎部。

发生情况：轻度发生。

分布地点：呼和浩特市和林格尔县。

（63）麻斑草天牛 *Eodorcadion impluviatum*。

寄主：老树、枯木、碱草。

危害部位：叶部、根部、茎部。

发生情况：中度发生。

分布地点：呼和浩特市赛罕区、武川县。

（64）绿芫菁 *Lytta caraganae*。

寄主：豆类、苜蓿、黄芪、柠条锦鸡儿、槐等。

危害部位：叶部、根部、茎部。

发生情况：重度发生。

分布地点：呼和浩特市和林格尔县、赛罕区、玉泉区、回民区、武川县、托克托县、清水河县。

（65）苹斑芫菁 *Mylabris calida*。

寄主：棉花等作物。

危害部位：叶部、根部、茎部。

发生情况：重度发生。

分布地点：呼和浩特市和林格尔县、武川县、托克托县、清水河县、赛罕区、玉泉区、回民区。

（66）中华芫菁 *Epicauta chinensis*。

寄主：蕨类植物。

危害部位：叶部、根部、茎部。

发生情况：中度发生。

分布地点：呼和浩特市武川县、和林格尔县、托克托县、清水河县、土默特左旗、赛罕区、回民区、玉泉区。

（67）红头豆芫菁 *Epicauta ruficeps*。

寄主：锦葵科和禾本科植物。

危害部位：叶部、根部、茎部。

发生情况：轻度发生。

分布地点：呼和浩特市武川县、和林格尔县、托克托县、清水河县、赛罕区、回民区、玉泉区。

（68）腋斑芫菁 *Mylabris axillaris*。

寄主：棉花等作物。

危害部位：叶部、根部、茎部。

发生情况：中度发生。

分布地点：呼和浩特市和林格尔县、赛罕区、玉泉区、回民区、武川县、托克托县、清水河县。

3. 草原毒害草

共制作和鉴定草原毒害草标本23种，具体草原毒害草种类及分布情况如下。

（1）斜茎黄芪 *Astragalus adsurgens*。

危害部位：全株。

发生情况：轻度发生。

分布地点：呼和浩特市回民区、赛罕区、托克托县、和林格尔县、清水河县、玉泉区。

（2）高山黄华 *Thermopsis alpina*。

危害部位：全株。

发生情况：轻度发生。

分布地点：呼和浩特市回民区、玉泉区、赛罕区、和林格尔县、武川县、清水河县。

（3）苦马豆 *Sphaerophysa salsula*。

危害部位：全株。

发生情况：中度发生。

分布地点：呼和浩特市和林格尔县。

（4）砂珍棘豆 *Oxytropis racemosa*。

危害部位：全株。

发生情况：轻度发生。

分布地点：呼和浩特市清水河县。

（5）狭叶荨麻 *Urtica angustifolia*。

危害部位：全株。

发生情况：中度发生。

分布地点：呼和浩特市清水河县、武川县。

（6）蒺藜 *Tribulus terrestris*。

危害部位：全株。

发生情况：轻度发生。

分布地点：呼和浩特市玉泉区、赛罕区、托克托县、清水河县、和林格尔县、土默特左旗。

（7）菟丝子 *Cuscuta chinensis*。

危害部位：全株。

发生情况：轻度发生。

分布地点：呼和浩特市玉泉区、赛罕区、托克托县、和林格尔县、清水河县、土默特左旗。

（8）天仙子 *Hyoscyamus niger*。

危害部位：全株。

发生情况：轻度发生。

分布地点：呼和浩特市武川县、清水河县、回民区、玉泉区。

（9）苍耳 *Xanthium strumarium*。

危害部位：全株。

发生情况：中度发生。

分布地点：呼和浩特市赛罕区、托克托县、和林格尔县、清水河县、新城区、土默特左旗。

（10）欧亚蓝刺头 *Echinops sphaerocephalus*。

危害部位：全株。

发生情况：中度发生。

分布地点：呼和浩特市赛罕区、和林格尔县、武川县、清水河县、新城区。

（11）飞廉 *Carduus nutans*。

危害部位：全株。

发生情况：中度发生。

分布地点：呼和浩特市玉泉区、武川县、清水河县、回民区、和林格尔县。

（12）鹤虱 *Lappula myosotis*。

危害部位：全株。

发生情况：中度发生。

分布地点：呼和浩特市托克托县、清水河县。

（13）刺儿菜 *Cirsium arvense* var. *integrifolium*。

危害部位：全株。

发生情况：中度发生。

分布地点：呼和浩特市和林格尔县、清水河县、玉泉区。

（14）小蓬草 *Erigeron canadensis*。

危害部位：全株。

发生情况：轻度发生。

分布地点：呼和浩特市清水河县。

（15）木贼 *Equisetum hyemale*。

危害部位：全株。

发生情况：中度发生。

分布地点：呼和浩特市赛罕区。

（16）黄花刺茄 *Solanum rostratum*。

危害部位：全株。

发生情况：中度发生。

分布地点：呼和浩特市赛罕区、托克托县、玉泉区、回民区、土默特左旗。

（17）翠雀 *Delphinium grandiflorum*。

危害部位：全株。

发生情况：中度发生。

分布地点：呼和浩特市回民区、武川县。

（18）瑞香狼毒 *Stellera chamaejasme*。

危害部位：全株。

发生情况：中度发生。

分布地点：呼和浩特市回民区、武川县、清水河县、土默特左旗。

（19）萝藦 *Cynanchum rostellatum*。

危害部位：全株。

发生情况：中度发生。

分布地点：呼和浩特市玉泉区、托克托县、和林格尔县。

（20）达乌里秦艽 *Gentiana dahurica*。

危害部位：全株。

发生情况：中度发生。

分布地点：呼和浩特市和林格尔县。

（21）地梢瓜 *Cynanchum thesiodes*。

危害部位：全株。

发生情况：轻度发生。

分布地点：呼和浩特市和林格尔县。

（22）骆驼蓬 *Peganum harmala*。

危害部位：全株。

发生情况：中度发生。

分布地点：呼和浩特市托克托县、土默特左旗。

（23）酸模 *Rumex acetosa*。

危害部位：全株。

发生情况：轻度发生。

分布地点：呼和浩特市和林格尔县。

4. 草原病害

共制作和鉴定草原病害标本 12 种，具体草原病害种类及分布情况如下。

（1）披针叶野决明白粉病 *Erysiphe thermopsidis*。

寄主：披针叶野决明。

危害部位：叶部、茎部。

发生情况：中度发生。

分布地点：呼和浩特市回民区。

（2）车前白粉病 *Erysiphe cichoracearum*。

寄主：车前。

危害部位：叶部。

发生情况：轻度发生。

分布地点：呼和浩特市玉泉区、赛罕区。

（3）胡枝子白粉病 *Erysiphe glycines*。

寄主：胡枝子。

危害部位：叶部、茎部、叶柄部。

发生情况：轻度发生。

分布地点：呼和浩特市玉泉区、和林格尔县、清水河县。

（4）米口袋白粉病 *Microsphaera berberidis*。

寄主：米口袋。

危害部位：叶部、茎部。

发生情况：中度发生。

分布地点：呼和浩特市托克托县、和林格尔县、武川县、清水河县。

（5）草木樨白粉病 *Erysiphe pisi*。

寄主：草木樨。

危害部位：叶部、茎部、花梗、荚果。

发生情况：中度发生。

分布地点：呼和浩特市和林格尔县。

（6）苜蓿白粉病 *Leveillula leguminosarum*。

寄主：苜蓿。

危害部位：叶部、叶柄部、茎部、荚果。

发生情况：轻度发生。

分布地点：呼和浩特市和林格尔县。

（7）田旋花白粉病 *Erysiphe convolvuli*。

寄主：田旋花。

危害部位：叶部、叶柄部、茎部。

发生情况：中度发生。

分布地点：呼和浩特市和林格尔县。

（8）苦荬菜白粉病 *Erysiphe cichoracearum*。

寄主：苦荬菜。

危害部位：叶部。

发生情况：轻度发生。

分布地点：呼和浩特市清水河县、回民区。

（9）草木樨状黄芪白粉病 *Erysiphe pisi*。

寄主：草木樨状黄芪。

危害部位：叶部、茎部、花梗、荚果。

发生情况：轻度发生。

分布地点：呼和浩特市和林格尔县。

（10）羊草叶斑病 *Alternaria* sp.。

寄主：羊草。

危害部位：叶部。

发生情况：中度发生。

分布地点：呼和浩特市回民区、玉泉区、和林格尔县、赛罕区、托克托县、武川县、清水河县、土默特左旗。

（11）委陵菜锈病 *Phragmidium* Link。

寄主：委陵菜。

危害部位：叶部、花、果实。

发生情况：中度发生。

分布地点：呼和浩特市回民区、武川县、赛罕区。

（12）铁线莲锈病 *Puccinia clematidicola*。

寄主：铁线莲。

危害部位：叶部、枝干。

发生情况：中度发生。

分布地点：呼和浩特市玉泉区。

三、支撑保障情况

（一）工作机制方面

为顺利完成普查工作，呼和浩特市林业和草原局成立了以呼和浩特市林业和草原局局长为组长、分管局长为副组长，以呼和浩特市林业和草原保护中心主任及相关单位负责人为成员的普查领导小组，由呼和浩特市林业和草原保护中心业务骨干及内蒙古农业大学师生组成了普查小组。为了更好地开展普查工作，与各个基层负责人员进行沟通合作。根据普查的实际情况，询问当地牧民有害生物的发生发展状况，进行更有效的普查。

同时，呼和浩特市林业和草原局将草原有害生物普查工作与日常管理工作同安排、同部署，在普查的关键期，组建普查督导组深入一线开展普查督导工作，并进行现场技术指导，明确了普查方向与重点工作。领导高度重视，严格要求，严密部署，真抓实干，及时跟进，加大督导检查力度，并将普查工作纳入年度目标管理考核中。抽查普查点，检查各项普查工作的完成情况，对普查工作的组织与管理、普查的物资设备准备情况、技术人员培训情况、普查进度及质量、普查经费的使用与管理、普查成果的汇总统计情况等进行全面检查，对标本采集情况、调查表格填写情况进行抽查和指导。通过听取汇报、现场调研、成果展览等多种形式对普查情况进行摸底，及时纠正普查盲点、弱点，弥补普查漏洞，从而提高了普查质量，加快了普查进度，保证了按照上级要求完成普查任务。在普查现场，对普查方法不科学、不准确的及时进行纠正；对标本采集及制作质量不合格的及时予以指导；在鉴定资料方面，对标本鉴定困难的及时给予资料及技术支持，同时对昆虫分类进行手把手的指导；支持新技术如信息素、无人机等在普查工作中的试验应用，扭转了普查工作的被动局面；严格落实普查技术方案，提高了普查质量，培训和锻炼了专业队伍。

地方各普查单位很好地贯彻落实了上级部门的政策措施，做到了集中专业力量、普查资金和物资，科学合理安排普查时间；普查不分白天黑夜，克服了山高路远、交通不便、野外生活艰苦、蚊虫叮咬等不利因素；采取了全方位、全区域、全植物、多种类、多频次、多种技术手段并行的普查工作方法，从而使草原有害生物普查工作圆满完成。

在草原有害生物普查过程中，呼和浩特市林业和草原局与内蒙古农业大学签订合作协议，由内蒙古农业大学提供技术服务，负责普查的工作方案制订、路线设置、普查报告的审定、物种鉴定，以及外业、内业技术指导和人员的技术培训工作。

（二）技术支撑方面

2022 年，在草原有害生物普查工作开展前，根据《呼和浩特市草原有害生物普查技术方案》文件精神，呼和浩特市林业和草原保护中心精心组织，适时开展普查技术培训工作。

草原有害生物普查工作是一项集林草行业力量和社会力量开展的基础性、全局性的系统工程，既需要大量精通业务的技术骨干，又需要大量的组织管理骨干。而呼和浩特市林业和草原局管理部门、技术人员绝大多数未曾参加过普查工作，对普查技术标准、相关要求把握不准，难以形成有效合力。同时，由于这次普查工作时间紧、任务重、要求严，草原普查季节的时间短，一旦错过时机就难以弥补。因此，为了做好这次普查工作，提高普查人员的技术水平和业务素质，必须开展多种形式的技术培训。

为将此项工作做实做细，2022 年 5 月 8～14 日，呼和浩特市林业和草原保护中心举办了为期一周的普查技术培训班，组织全市参加普查工作的人员进行普查技术培训。此次培训认真解读了《全国草原有害生物普查技术方案》和内蒙古自治区呼和浩特市林业和草原局关于印发《全区草原监测评价和草原有害生物普查工作方案》的通知，培训班邀请到相关领域的专家、学者授课，培训内容为普查技术方案、草原有害生物防治的组织与管理、草原有害生物的识别、调查方法、资料汇总整理、摄影技术、标本采集制作及保存技术、实验室仪器设备使用技术、野外调查技术等与普查相关的基础知识。同时，在普查的整个过程中，普查技术专家组深入普查工作一线，手把手教技术人员如何普查、如何采集标本和制作标本。2023 年 2 月 28 日～3 月 1 日，内蒙古自治区林业和草原局面向全区举办了为期 2 d 的培训班，针对 2022—2023 年普查工作进行小结，对存在的问题进行了分析，并对 2023 年开展的工作进行计划，同时对相关技术要求做进一步解读。培训—应用—再培训这种途径，提高了普查技术人员的专业技术水平，为林业和草原有害生物普查工作培训了一批骨干力量，使参与普查的全体技术人员较好地掌握了普查要领，做到普查工具会应用、能掌握，有害生物会采集、能制作，内外业数据会填表、能汇总，标本种类会识别、能分类，保证了普查工作的顺利开展。

两年来共举办培训班 2 次，累计培训 9 d，参加培训人数 500 余人次。通过培训，参与普查的技术人员掌握了普查的相关知识和要求，为普查工作的顺利开展奠定了技术基础。

呼和浩特市林业和草原局将全球定位系统（GPS）、诱虫灯等技术应用到此次草原有害生物普查工作中，从而提高了普查工作的科技含量。

1. GPS 技术在普查工作中的应用

在普查工作的野外踏查和标准地调查过程中，采集技术人员利用 GPS 定位踏查路线上设置的每个踏查点和每块标准地的具体位置，并在踏查记录表和标准地调查表上详细记录踏查点和标准地的经度、纬度、海拔高度。

2. 诱虫灯技术在普查工作中的应用

为补充白天在踏查中没有发现的有害生物种类，普查人员根据不同草原类型设立了流动黑光灯（诱虫灯），对具有趋光性的昆虫进行诱捕，诱虫灯每次出灯时间为 21：00～24：00。

（三）经费保障方面

呼和浩特市林业和草原局保障了草原有害生物普查的资金。

（四）质量控制方面

呼和浩特市林业和草原保护中心主任负责每月按要求按时完成月报告上报工作。呼和浩特市林业和草原局普查领导小组也深入实验室进行内业工作审核和工作进度的推进，使得草原普查工作按计划顺利进行。在普查工作中，由呼和浩特市林业和草原保护中心工作人员定期进行系统数据的审核和检查。普查系统中共录入影像资料 672 张，其中，虫害照片 420 张，病害照片 72 张，毒害草照片 138 张，鼠害照片 36 张；录入虫害标本 68 种，毒害草标本 23 种，病害标本 12 种，鼠害标本 6 种。系统中录入的所有有害生物均已由专家组鉴定到种，并都审核通过（图 1.1）。

（a）草原有害生物外业调查

图 1.1　草原有害生物调查

（b）草原有害生物内业标本制作

续图 1.1

（五）宣传培训方面

为了更好地推进草原有害生物普查工作，不断提高草原防治的地位，扩大社会影响力，呼和浩特市林业和草原局不断加大草原有害生物工作宣传力度，采取多种措施做好宣传工作。2022 年 4 月，组织职工开展“严防有害生物，守护绿色家园”主题宣传活动，发放宣传单 200 余张，张贴标语 4 幅，同时充分利用电视、报刊、微信等平台适时报道普查工作开展情况。通过宣传，进一步提高了职工、群众对草原有害生物防治工作的认知度。

2022—2023 年，呼和浩特市林业和草原局共举办培训班 2 次，累计培训 9 d，参加培训人数 500 余人次。通过培训，参与普查的技术人员掌握了普查的相关知识和要求，为普查工作的顺利开展奠定了技术基础。

四、主要成绩及存在的问题

1. 主要成绩

（1）摸清了呼和浩特市各区、旗、县草原有害生物种类及分布情况。

（2）完成了呼和浩特市草原有害生物普查技术报告、总结报告、风险分析等报告。

（3）采集和制作有害生物标本 112 种 205 份。

（4）在全国草原有害生物普查系统中录入了草原有害生物普查的相关数据。

（5）出版了《呼和浩特市草原有害生物名录》。

2. 存在问题

（1）普查经费短缺。普查工作的顺利开展必须以资金的及时到位为前提，这样才能达到预期效果。资金用于购置必要的普查工具、设备、仪器等，保证普查人员外业补助、材料费等的及时发放。普查所需工具不够完备，使普查工作受到限制，导致不能细致全面地完成普查任务。

（2）由于呼和浩特市草原面积大，普查人员承担的普查任务相对较重，除了日常的监测调查、防治及检疫外，还承担着许多自身所在基层单位的社会性事务，而普查工作要求的时间紧、任务重、普查范围广，因此普查工作难免存在疏漏之处。同时，由于呼和浩特市草原普查季节的时间短，导致许多草原有害生物标本种类采集不全，严重影响了普查工作的质量。

（3）草原有害生物标本鉴定难度大，虽然有部分参考书籍和资料，但许多目、科资料缺乏，内业标本鉴定、整理难度大。

（4）宣传力度及知识储备不够，特别是有害生物基础知识以及先进的调查设备的应用；普查过程中遇到的系统瘫痪问题比较多，导致数据不能及时上传。

五、对策与建议

（1）建立全国草原有害生物监测数据库和市级草原有害生物数据库，为科学制订防治规划、有效预防和治理提供科学依据；为维护草原资源和国土生态安全，促进生态文明与建设，提供全面、及时、准确、客观的草原有害生物信息。

（2）建立草原资源概况共享机制，实现数据共享的规范运作。数据共享将助推草原科技的发展。

（3）各林业和草原局森防站的技术人员进行业务交流，相互借鉴普查经验，取长补短，提升普查人员的业务水平，以便做好今后的普查工作。

（4）加强对专家组的建设，为普查及平时工作提供技术支持和指导。

（5）对具有潜在危害的草原有害生物要多加重视，为未来草原有害生物防治奠定基础。

（6）加强业务培训工作。近年来由于人员流动大，培训工作亟待加强。

（7）不断增强草原有害生物防控能力，确保森林资源安全。

呼和浩特市林业和草原保护中心

2024 年 2 月

第二章　呼和浩特市草原有害生物普查结果报告

一、基本情况

（一）草地资源概况

1. 草地资源

呼和浩特市地处内蒙古自治区中部，全市草地面积为 831.89 万亩（1 亩≈666.67 m^2）。其草地类型可分为 5 个草地类，9 个草地亚类。草地类分别为温性草甸草原类、温性典型草原类、低地草甸类、温性山地草甸类、沼泽类。温性草甸草原类为山地草甸草原亚类；温性典型草原类可分为平原丘陵草原亚类、山地草原亚类、沙地草原亚类；低地草甸类可分为低湿地草甸亚类、盐化低地草甸亚类、沼泽化低地草甸亚类；温性山地草甸类可分为低、中山地草甸亚类。

温性典型草原类占全市草地面积的 93.63%，为呼和浩特市草地资源的主要类型，低地草甸类占比为 5.06%，温性山地草甸类、温性草甸草原类、沼泽类占比分别为 0.28%、0.75% 与 0.28%。

温性典型草原类中以山地草原亚类较占优势，其占温性典型草原面积的 58.24%，占全市草地面积的 54.53%；其次为平原丘陵草原亚类，其占温性典型草原面积的 41.47%，占全市草地面积的 38.83%；沙地草原亚类面积较少，仅占温性典型草原面积的 0.29%，占全市草地面积的 0.27%。

全市可利用草原面积为 443 159.25 hm^2，占草原总面积的 91.64%，总产草量为 33 735.66 万 kg，单位可利用草原面积产草量为 761.25 kg/hm^2。不同类型草原的产草量差距较大，其中沼泽类生物单产最高，温性典型草原类生物单产最低。呼和浩特市草原主要以温性典型草原类为主，可利用草原面积也主要为该类型。呼和浩特市草原全年载畜能力为 33.53 万羊单位，其中暖季载畜能力为 12.03 万羊单位，冷季载畜能力为 21.55 万羊单位。载畜量主要分布在温性典型草原区。

2. 保护利用

呼和浩特市一直十分重视草原的保护工作，并采取了一系列措施来保护草原生态环境，主要保护情况如下。

（1）启动草原整治工程如下。

呼和浩特市启动了草原整治工程，通过土地治理、草种改良、防风固沙等措施，来减缓草原退化和土地沙漠化的现象，恢复和改善草原生态环境。

（2）禁止过度放牧。

为保护草原植被的生长和恢复，呼和浩特市对过度放牧进行严格限制，确保畜牧业的可持续发展和草原的生态健康。

（3）设立自然保护区和草原公园。

呼和浩特市设立了多个自然保护区和草原公园，加强对草原生态系统的保护和管理。这些自然保护区和草原公园为野生动植物提供了栖息地和生长地，并且对游客开放，让他们更好地了解草原和欣赏草原的美丽。

（4）加强法律法规的制定与执行。

呼和浩特市制定了一系列法律法规和政策文件，明确了对草原资源的保护要求和管理措施，并加强对执行情况的监督和检查，确保其可有效落实。

（5）建立生态补偿机制。

呼和浩特市建立了生态补偿机制，通过给予草原保护者经济上的补偿和奖励，来鼓励草原地区的农民和牧民积极参与草原保护工作，增强其对草原资源的可持续利用和保护意识。

（6）生态补植和护林造林。

呼和浩特市积极开展生态补植和护林造林工作，通过种植适宜的草种、树木来修复退化的草原和森林，增加植被覆盖率，改善生态环境。

（7）强化草原监测和信息管理。

呼和浩特市建立了草原监测体系，通过遥感技术和空中巡查等手段，监测草原的生态状况和变化情况，及时发现问题并采取相应的保护措施。同时，建立草原信息管理平台，集中管理和共享与草原资源及其保护相关的数据信息。

（8）增强公众教育和参与。

呼和浩特市通过组织宣传活动、开展环境保护知识教育等途径，增强公众对草原保护的意识并提高其参与度。倡导公众爱护草原、减少对草原资源的损害，形成全社会共同保护草原生态的氛围。

（9）开展国际交流与合作。

呼和浩特市与国内外的机构和组织开展草原保护的国际交流与合作，共同研究草原保护技术和策略，推动全球草原保护事业的发展。

这些保护措施的实施，有助于促进呼和浩特市草原生态系统的恢复和健康发展，同时也保障了当地居民的生计和经济可持续发展，但仍然需要继续加大力度，加强监管和管理，保护草原的可持续发展和人民的长远利益。

呼和浩特市的草原利用情况如下。

（1）畜牧业。

草原是呼和浩特市重要的牧区，以养殖畜牧业为主要经济来源。当地居民主要以牛、羊等牲畜的养殖为生，草原提供了丰富的饲草资源，支持了畜牧业的发展。

（2）旅游业。

呼和浩特市的草原景观吸引了大量的游客，促进了旅游业的发展。许多旅游景点和度假村都建立在草原上，提供了丰富的旅游体验，如马术表演、草原野餐、草原婚纱摄影等。

（3）能源开发。

草原地区存在着丰富的矿产资源和油气资源，呼和浩特市积极开展能源开发，如煤炭开采和天然气开发，为经济发展提供了重要支撑。

（4）科研和教育。

呼和浩特市的草原作为自然生态系统的重要组成部分，为科研机构和教育机构提供了研究和教学的场所。许多科研机构和学校在草原地区设立实验站和野外教学基地，进行生态环境、草原生物学等方面的研究和学习。

（5）农业发展。

除了畜牧业，呼和浩特市的草原地区也逐渐发展起了农业。一些农民开始在草原地区种植农作物，如小麦、马铃薯等，丰富了当地农业产业结构。

（6）生态旅游和生态农业。

为了保护和开发草原生态资源，呼和浩特市也推广生态旅游和生态农业。在一些草原地区建设了生态旅游景点，开展观赏草原风光、草原露营等活动。同时，也发展了一些生态农业项目，如绿色农场、有机农业等。

（7）文化传承。

草原作为游牧民族的传统居住地，承载着丰富的民族文化。呼和浩特市积极开展草原文化的保护与传承工作，举办民族文化节、草原歌舞演出等活动，让游客和居民更好地了解和体验草原文化。

总体来说，呼和浩特市在兼顾经济发展和生态环境保护方面做出了努力，通过合理利用草原资源，促进了当地经济的繁荣和社会的可持续发展。

（二）有害生物基本情况

呼和浩特市草原的有害生物主要是鼠害、虫害、毒害草、病害，具体情况如下。

1. 鼠害

呼和浩特市的鼠害主要有短耳仓鼠、长爪沙鼠、子午沙鼠、中华鼢鼠、五趾跳鼠、达乌尔黄鼠6种。

（1）短耳仓鼠 *Allocricetulus eversmanni*。

危害部位：叶部、茎部、根部。

发生情况：中度发生。

分布地点：呼和浩特市武川县、和林格尔县、回民区、赛罕区。

（2）长爪沙鼠 *Meriones unguiculatus*。

危害部位：叶部、茎部、根部。

发生情况：中度发生。

分布地点：呼和浩特市和林格尔县。

（3）子午沙鼠 *Meriones meridianus*。

危害部位：叶部、茎部、根部。

发生情况：轻度发生。

分布地点：呼和浩特市和林格尔县。

（4）中华鼢鼠 *Myospalax fontanieri*。

危害部位：叶部、茎部、根部。

发生情况：中度发生。

分布地点：呼和浩特市和林格尔县。

（5）五趾跳鼠 *Allactaga sibirica*。

危害部位：茎部、根部。

发生情况：中度发生。

分布地点：呼和浩特市和林格尔县、武川县、托克托县、清水河县。

（6）达乌尔黄鼠 *Spermophilus dauricus*。

危害部位：茎部、根部。

发生情况：中度发生。

分布地点：呼和浩特市武川县、托克托县、赛罕区、玉泉区、清水河县、土默特左旗、新城区。

2. 虫害

呼和浩特市的虫害主要包括：直翅目 11 种，为无齿稻蝗、短星翅蝗、红翅皱膝蝗、鼓翅皱膝蝗、亚洲小车蝗、黄胫小车蝗、黄胫异痂蝗、中华剑角蝗、白边雏蝗、笨蝗、日本蚱；双翅目 1 种，为大蚊；鳞翅目 21 种，为斑缘豆粉蝶、云粉蝶、菜粉蝶、黎明豆粉蝶、蛇眼蝶、白眼蝶、仁眼蝶、蓝灰蝶、多眼灰蝶、灿福蛱蝶、小红蛱蝶、重环蛱蝶、荨麻蛱蝶、放影夜蛾、裳夜蛾、蝶青尺蛾、双斜线尺蛾、苹枯叶蛾、黄脉天蛾、舞毒蛾、柳毒蛾；同翅目 2 种，为大青叶蝉、中华象蜡蝉；半翅目 13 种，为横纹菜蝽、二星蝽、尖头麦蝽、菜蝽、紫翅果蝽、斑须蝽、珠蝽、苜蓿盲蝽、亚姬缘蝽、横带红长蝽、角红长蝽、地红蝽、淡带荆猎蝽；鞘翅目 20 种，为中华萝藦肖叶甲、双斑长跗萤叶甲、黑足黑守瓜、广聚萤叶甲、多型虎甲红翅亚种、西伯利亚绿象、娄步甲、拟步甲、白星花金龟、华北大黑鳃金龟、粗绿彩丽金龟、多异瓢虫、中华食蜂郭公虫、多带天牛、麻斑草天牛、绿芫菁、苹斑芫菁、中华芫菁、红头豆芫菁、腋斑芫菁。

（1）无齿稻蝗 *Oxya adentata*。

寄主：黄豆、棉花、水稻、小麦、玉米。

危害部位：全株。

发生情况：中度发生。

分布地点：呼和浩特市回民区。

（2）短星翅蝗 *Calliptamus abbreviatus*。

寄主：豆科及禾本科植物。

危害部位：全株。

发生情况：重度发生。

分布地点：呼和浩特市武川县、托克托县、和林格尔县、赛罕区、回民区、清水河县、玉泉区、新城区。

（3）红翅皱膝蝗 *Angaracris rhodopa*。

寄主：菊科、禾本科牧草。

危害部位：叶部。

发生情况：中度发生。

分布地点：呼和浩特市和林格尔县、玉泉区、回民区、武川县、托克托县、赛罕区、清水河县。

（4）鼓翅皱膝蝗 *Angaracris barabensis*。

寄主：马铃薯、大豆、蔬菜、禾本科作物、杂草等。

危害部位：叶部。

发生情况：重度发生。

分布地点：呼和浩特市和林格尔县、赛罕区、回民区、武川县、托克托县、玉泉区、清水河县。

（5）亚洲小车蝗 *Oedaleus decorus asiaticus*。

寄主：玉米、小麦、谷类、高粱、芦苇、茅草。

危害部位：全株。

发生情况：中度发生。

分布地点：呼和浩特市和林格尔县、赛罕区、玉泉区、武川县、托克托县、清水河县、回民区、土默特左旗、新城区。

（6）黄胫小车蝗 *Oedaleus infernalis*。

寄主：小麦、水稻等作物及杂草。

危害部位：叶部。

发生情况：中度发生。

分布地点：呼和浩特市和林格尔县、托克托县、武川县。

（7）黄胫异痂蝗 *Bryodemella holdereri*。

寄主：小麦、谷子、杂草等禾本科和莎草科植物。

危害部位：叶部。

发生情况：中度发生。

分布地点：呼和浩特市武川县。

（8）中华剑角蝗 *Acrida cinerea*。

寄主：广泛。

危害部位：全株。

发生情况：重度发生。

分布地点：呼和浩特市和林格尔县、赛罕区、回民区、武川县、托克托县、清水河县、玉泉区、土默特左旗、新城区。

（9）白边雏蝗 *Chorthippus albomarginatus*。

寄主：禾本科植物及其他杂草。

危害部位：全株。

发生情况：轻度发生。

分布地点：呼和浩特市武川县。

（10）笨蝗 *Haplotropis brunneriana*。

寄主：禾本科单子叶草类（莛草、白草、狗尾草及菅）、双子叶杂草类（尖裂假还阳参、米口袋、地肤及藜）等。

危害部位：全株。

发生情况：轻度发生。

分布地点：呼和浩特市和林格尔县。

（11）日本蚱 *Tetrix japonica*。

寄主：番薯、水稻、小麦、甘蔗等作物。

危害部位：全株。

发生情况：中度发生。

分布地点：呼和浩特市武川县。

（12）大蚊 *Tipulidae* sp.。

寄主：谷类和牧草。

危害部位：全株。

发生情况：中度发生。

分布地点：呼和浩特市和林格尔县、武川县。

（13）斑缘豆粉蝶 *Colias erate*。

寄主：大豆、苜蓿等植物。

危害部位：叶部。

发生情况：中度发生。

分布地点：呼和浩特市赛罕区、玉泉区、托克托县、回民区、武川县、清水河县。

（14）云粉蝶 *Pontia edusa*。

寄主：萝卜、白菜、甘蓝、油菜、荠菜等十字花科蔬菜及豆科牧草。

危害部位：叶部。

发生情况：中度发生。

分布地点：呼和浩特市和林格尔县、玉泉区、回民区、武川县、托克托县、赛罕区、清水河县。

（15）菜粉蝶 *Pieris rapae*。

寄主：各种蔬菜。

危害部位：叶部。

发生情况：中度发生。

分布地点：呼和浩特市托克托县、和林格尔县。

（16）黎明豆粉蝶 *Colias heos*。

寄主：豆科植物。

危害部位：叶部。

发生情况：轻度发生。

分布地点：呼和浩特市和林格尔县。

（17）蛇眼蝶 *Minois dryas*。

寄主：水稻、芒草。

危害部位：叶部。

发生情况：中度发生。

分布地点：呼和浩特市赛罕区、玉泉区、武川县、托克托县、清水河县、和林格尔县、回民区。

（18）白眼蝶 *Melanargia halimede*。

寄主：水稻、甘蔗、竹。

危害部位：叶部。

发生情况：中度发生。

分布地点：呼和浩特市和林格尔县、清水河县。

（19）仁眼蝶 *Eumenis autonoe*。

寄主：禾本科植物。

危害部位：叶部。

发生情况：轻度发生。

分布地点：呼和浩特市和林格尔县、清水河县、回民区。

（20）蓝灰蝶 *Everes argiades*。

寄主：大豆、豌豆、豇豆、苜蓿、紫云英等豆科植物。

危害部位：叶部。

发生情况：中度发生。

分布地点：呼和浩特市和林格尔县、赛罕区、托克托县。

（21）多眼灰蝶 *Polyommatus eros*。

寄主：豆科、壳斗科、桑寄生科、蔷薇科、茜草科、景天科等植物。

危害部位：叶部。

发生情况：中度发生。

分布地点：呼和浩特市和林格尔县、赛罕区、玉泉区、武川县、托克托县、清水河县。

（22）灿福蛱蝶 *Fabriciana adippe*。

寄主：堇菜科植物。

危害部位：叶部。

发生情况：轻度发生。

分布地点：呼和浩特市武川县、和林格尔县、清水河县、玉泉区。

（23）小红蛱蝶 *Vanessa cardui*。

寄主：堇菜科、忍冬科、杨柳科、桑科、榆科、麻类、大戟科、茜草科等植物。

危害部位：叶部。

发生情况：轻度发生。

分布地点：呼和浩特市托克托县。

（24）重环蛱蝶 *Neptis alwina*。

寄主：桃、梅、李、杏及草。

危害部位：叶部。

发生情况：轻度发生。

分布地点：呼和浩特市武川县。

（25）荨麻蛱蝶 *Aglais urticae*。

寄主：荨麻科植物。

危害部位：叶部。

发生情况：轻度发生。

分布地点：呼和浩特市回民区。

（26）放影夜蛾 *Lygephila craccae*。

寄主：豆科、壳斗科、桑寄生科、蔷薇科、茜草科、景天科等植物。

危害部位：叶部。

发生情况：中度发生。

分布地点：呼和浩特市武川县、和林格尔县、托克托县、清水河县、赛罕区、回民区、玉泉区。

（27）裳夜蛾 *Catocala nupta*。

寄主：杨、柳。

危害部位：叶部。

发生情况：中度发生。

分布地点：呼和浩特市和林格尔县、武川县。

（28）蝶青尺蛾 *Geometra papilionaria*。

寄主：丁香、杨、水曲柳、椴。

危害部位：叶部。

发生情况：中度发生。

分布地点：呼和浩特市和林格尔县、武川县、清水河县。

（29）双斜线尺蛾 *Conchia mundataria*。

寄主：栎、杨。

危害部位：叶部。

发生情况：轻度发生。

分布地点：呼和浩特市和林格尔县。

（30）苹枯叶蛾 *Odonestis pruni*。

寄主：苹果、梨、桃、李、梅、樱桃及其他蔷薇科植物。

危害部位：叶部。

发生情况：轻度发生。

分布地点：呼和浩特市和林格尔县。

（31）黄脉天蛾 *Amorpha amurensis*。

寄主：小叶杨、山杨、桦、椴。

危害部位：叶部。

发生情况：中度发生。

分布地点：呼和浩特市和林格尔县、武川县、清水河县、托克托县。

（32）舞毒蛾 *Lymantria dispar*。

寄主：苹果、柿、梨、桃、杏、樱桃、栗、橡、杨、柳、桑、榆、落叶松、樟子松、栎、李、桦、山楂、槭、椴、云杉、马尾松、云南松、油松、华山松、红松等 500 多种植物。

危害部位：叶部。

发生情况：轻度发生。

分布地点：呼和浩特市和林格尔县。

（33）柳毒蛾 *Stilpnotia salicis*。

寄主：棉花、茶树、杨、柳、栎、栗、樱桃、梨、梅、杏、桃等。

危害部位：叶部。

发生情况：中度发生。

分布地点：呼和浩特市武川县、和林格尔县、托克托县、清水河县。

（34）大青叶蝉 *Cicadella viridis*。

寄主：大豆、马铃薯等。

危害部位：叶部。

发生情况：中度发生。

分布地点：呼和浩特市武川县、和林格尔县、玉泉区、托克托县、清水河县、赛罕区、回民区。

（35）中华象蜡蝉 *Dictyophara sinica*。

寄主：桑、柑橘、香樟、桉、蜡梅、菊花、水稻、玉米、高粱、甘蔗。

危害部位：叶部、根部、茎部。

发生情况：中度发生。

分布地点：呼和浩特市武川县、和林格尔县、赛罕区、托克托县、回民区、玉泉区。

（36）横纹菜蝽 *Eurydema gebleri*。

寄主：甘蓝、紫甘蓝、西兰花、花椰菜、白菜、萝卜、樱桃萝卜、油菜、芥菜、板蓝根、白屈菜等。

危害部位：叶部、根部、茎部。

发生情况：轻度发生。

分布地点：呼和浩特市和林格尔县、赛罕区、武川县、回民区。

（37）二星蝽 *Eysacoris guttiger*。

寄主：麦类作物及水稻、棉花、大豆、高粱、玉米、甘薯、茄、桑、无花果等。

危害部位：叶部、根部、茎部。

发生情况：中度发生。

分布地点：呼和浩特市赛罕区。

（38）尖头麦蝽 *Aelia acuminate*。

寄主：麦类作物及水稻、苜蓿等。

危害部位：叶部、根部、茎部。

发生情况：轻度发生。

分布地点：呼和浩特市武川县。

（39）菜蝽 *Eurydema dominulus*

寄主：甘蓝、花椰菜、白菜、萝卜、油菜、芥菜等十字花科蔬菜。

危害部位：叶部、根部、茎部。

发生情况：轻度发生。

分布地点：呼和浩特市托克托县。

（40）紫翅果蝽 *Carpocoris purpureipennis*。

寄主：枣、沙枣、苹果、梨、枸杞、白刺、马铃薯、胡萝卜、萝卜、甘草、小麦等。

危害部位：叶部、根部、茎部。

发生情况：轻度发生。

分布地点：呼和浩特市和林格尔县、武川县。

（41）斑须蝽 *Dolycoris baccarum*。

寄主：麦类、麻类作物及水稻、大豆、玉米、粟、甜菜、苜蓿等。

危害部位：叶部、根部、茎部。

发生情况：轻度发生。

分布地点：呼和浩特市托克托县。

（42）珠蝽 *Rubiconia intermedia*。

寄主：麦类、豆类作物及水稻、苹果、枣、柳叶菜、水芹等。

危害部位：叶部、根部、茎部。

发生情况：轻度发生。

分布地点：呼和浩特市和林格尔县。

（43）苜蓿盲蝽 *Adelphocoris lineolatus*。

寄主：苜蓿、草木樨、马铃薯、棉花等作物。

危害部位：叶部、根部、茎部。

发生情况：中度发生。

分布地点：呼和浩特市清水河县、回民区。

（44）亚姬缘蝽 *Corizus albomarginatus*。

寄主：小麦、苜蓿、铁杆蒿、蒲公英、鸦葱。

危害部位：叶部、根部、茎部。

发生情况：中度发生。

分布地点：呼和浩特市清水河县、玉泉区。

（45）横带红长蝽 *Lygaeus equestris*。

寄主：瓜类蔬菜等。

危害部位：叶部、根部、茎部。

发生情况：轻度发生。

分布地点：呼和浩特市和林格尔县。

（46）角红长蝽 *Lygaeus hanseni*。

寄主：瓜类蔬菜。

危害部位：叶部、根部、茎部。

发生情况：中度发生。

分布地点：呼和浩特市武川县。

（47）地红蝽 *Pyrrhocoris tibialis*。

寄主：冬葵、禾本科杂草。

危害部位：叶部、根部、茎部。

发生情况：中度发生。

分布地点：呼和浩特市和林格尔县、武川县。

（48）淡带荆猎蝽 *Acanthaspis cincticrus*。

寄主：禾本科植物。

危害部位：叶部、根部、茎部。

发生情况：轻度发生。

分布地点：呼和浩特市和林格尔县。

（49）中华萝藦肖叶甲 *Chrysochus chinensis*。

寄主：蕹菜、地梢瓜、曼陀罗、鹅绒藤、戟叶鹅绒藤及黄芪属、罗布麻属植物。

危害部位：叶部、根部、茎部。

发生情况：轻度发生。

分布地点：呼和浩特市武川县、和林格尔县、托克托县、清水河县、赛罕区、玉泉区。

（50）双斑长跗萤叶甲 *Monolepta hieroglyphica*。

寄主：豆类、苜蓿、玉米、茼蒿、胡萝卜、向日葵、杏、苹果等作物。

危害部位：叶部。

发生情况：中度发生。

分布地点：呼和浩特市武川县、和林格尔县、托克托县、清水河县、赛罕区、回民区、玉泉区。

（51）黑足黑守瓜 *Aulacophora nigripennis*。

寄主：栝楼、苦瓜、丝瓜、黄瓜、南瓜、冬瓜、罗汉果等。

危害部位：叶部。

发生情况：重度发生。

分布地点：呼和浩特市托克托县、赛罕区、和林格尔县、清水河县、玉泉区、回民区、武川县。

（52）广聚萤叶甲 *Ophraella communa*。

寄主：豆类、马铃薯、苜蓿、玉米、茼蒿、胡萝卜、向日葵、杏树、苹果等作物。

危害部位：叶部。

发生情况：中度发生。

分布地点：呼和浩特市武川县、和林格尔县。

（53）多型虎甲红翅亚种 *Cicindela hybrida*。

寄主：棉花等作物。

危害部位：根部。

发生情况：轻度发生。

分布地点：呼和浩特市和林格尔县。

（54）西伯利亚绿象 *Chlorophanus sibiricus*。

寄主：苹果、杨、柳。

危害部位：叶部、根部、茎部。

发生情况：中度发生。

分布地点：呼和浩特市武川县、赛罕区、清水河县。

（55）婪步甲 *Harpalus* sp.。

寄主：小麦、大麦、燕麦及黍科植物的种子。

危害部位：叶部、根部、茎部。

发生情况：中度发生。

分布地点：呼和浩特市武川县。

（56）拟步甲 *Tenebrio* sp.。

寄主：干燥腐败的植物等。

危害部位：叶部、根部、茎部。

发生情况：中度发生。

分布地点：呼和浩特市和林格尔县、武川县、托克托县。

（57）白星花金龟 *Protaetia brevitarsis*。

寄主：粮食、水果、蔬菜等经济作物。

危害部位：叶部、根部、茎部。

发生情况：轻度发生。

分布地点：呼和浩特市赛罕区。

（58）华北大黑鳃金龟 *Holotrichia oblita*。

寄主：杨、柳、榆、桑、核桃、苹果、刺槐、栎等多种树。

危害部位：叶部、根部、茎部。

发生情况：中度发生。

分布地点：呼和浩特市和林格尔县、清水河县、赛罕区、武川县、回民区、玉泉区、托克托县。

（59）粗绿彩丽金龟 *Mimela holosericea*。

寄主：葡萄、苹果。

危害部位：叶部、根部、茎部。

发生情况：中度发生。

分布地点：呼和浩特市清水河县。

（60）多异瓢虫 *Hippodamia variegata*。

寄主：棉蚜、麦蚜、豆蚜、玉米蚜，多见于棉花、小麦、豇豆、玉米等作物。

危害部位：叶部、根部、茎部。

发生情况：中度发生。

分布地点：呼和浩特市和林格尔县、武川县。

（61）中华食蜂郭公虫 *Trichodes sinae*。

寄主：蔷薇科、菊科、忍冬科等灌木和草本植物。

危害部位：叶部、根部、茎部。

发生情况：轻度发生。

分布地点：呼和浩特市和林格尔县。

（62）多带天牛 *Polyzonus fasciatus*。

寄主：杨、柳、刺槐、侧柏、麻栎、玫瑰等。

危害部位：叶部、根部、茎部。

发生情况：轻度发生。

分布地点：呼和浩特市和林格尔县。

（63）麻斑草天牛 *Eodorcadion impluviatum*。

寄主：老树、枯木、碱草。

危害部位：叶部、根部、茎部。

发生情况：中度发生。

分布地点：呼和浩特市赛罕区、武川县。

（64）绿芫菁 *Lytta caraganae*。

寄主：豆类、苜蓿、黄芪、柠条锦鸡儿、槐等。

危害部位：叶部、根部、茎部。

发生情况：重度发生。

分布地点：呼和浩特市和林格尔县、赛罕区、玉泉区、回民区、武川县、托克托县、清水河县。

（65）苹斑芫菁 *Mylabris calida*。

寄主：棉花等作物。

危害部位：叶部、根部、茎部。

发生情况：重度发生。

分布地点：呼和浩特市和林格尔县、武川县、托克托县、清水河县、赛罕区、玉泉区、回民区。

（66）中华芫菁 *Epicauta chinensis*。

寄主：蕨类植物。

危害部位：叶部、根部、茎部。

发生情况：中度发生。

分布地点：呼和浩特市武川县、和林格尔县、托克托县、清水河县、土默特左旗、赛罕区、回民区、玉泉区。

（67）红头豆芫菁 *Epicauta ruficeps*。

寄主：锦葵科和禾本科植物。

危害部位：叶部、根部、茎部。

发生情况：轻度发生。

分布地点：呼和浩特市武川县、和林格尔县、托克托县、清水河县、赛罕区、回民区、玉泉区。

（68）腋斑芫菁 *Mylabris axillaris*。

寄主：棉花等作物。

危害部位：叶部、根部、茎部。

发生情况：中度发生。

分布地点：呼和浩特市和林格尔县、赛罕区、玉泉区、回民区、武川县、托克托县、清水河县。

3. 毒害草

呼和浩特市的毒害草主要有23种，具体为斜茎黄芪、高山黄华、苦马豆、砂珍棘豆、狭叶荨麻、蒺藜、菟丝子、天仙子、苍耳、欧亚蓝刺头、飞廉、鹤虱、刺儿菜、小蓬草、木贼、黄花刺茄、翠雀、瑞香狼毒、萝藦、达乌里秦艽、地梢瓜、骆驼蓬、酸模。

（1）斜茎黄芪 *Astragalus adsurgens*。

危害部位：全株。

发生情况：轻度发生。

分布地点：呼和浩特市回民区、赛罕区、托克托县、和林格尔县、清水河县、玉泉区。

（2）高山黄华 *Thermopsis alpina*。

危害部位：全株。

发生情况：轻度发生。

分布地点：呼和浩特市回民区、玉泉区、赛罕区、和林格尔县、武川县、清水河县。

（3）苦马豆 *Sphaerophysa salsula*。

危害部位：全株。

发生情况：中度发生。

分布地点：呼和浩特市和林格尔县。

（4）砂珍棘豆 *Oxytropis racemosa*。

危害部位：全株。

发生情况：轻度发生。

分布地点：呼和浩特市清水河县。

（5）狭叶荨麻 *Urtica angustifolia*。

危害部位：全株。

发生情况：中度发生。

分布地点：呼和浩特市清水河县、武川县。

（6）蒺藜 *Tribulus terrestris*。

危害部位：全株。

发生情况：轻度发生。

分布地点：呼和浩特市玉泉区、赛罕区、托克托县、清水河县、和林格尔县、土默特左旗。

（7）菟丝子 *Cuscuta chinensis*。

危害部位：全株。

发生情况：轻度发生。

分布地点：呼和浩特市玉泉区、赛罕区、托克托县、和林格尔县、清水河县、土默特左旗。

（8）天仙子 *Hyoscyamus niger*。

危害部位：全株。

发生情况：轻度发生。

分布地点：呼和浩特市武川县、清水河县、回民区、玉泉区。

（9）苍耳 *Xanthium strumarium*。

危害部位：全株。

发生情况：中度发生。

分布地点：呼和浩特市赛罕区、托克托县、和林格尔县、清水河县、新城区、土默特左旗。

（10）欧亚蓝刺头 *Echinops sphaerocephalus*。

危害部位：全株。

发生情况：中度发生。

分布地点：呼和浩特市赛罕区、和林格尔县、武川县、清水河县、新城区。

（11）飞廉 *Carduus nutans*。

危害部位：全株。

发生情况：中度发生。

分布地点：呼和浩特市玉泉区、武川县、清水河县、回民区、和林格尔县。

（12）鹤虱 *Lappula myosotis*。

危害部位：全株。

发生情况：中度发生。

分布地点：呼和浩特市托克托县、清水河县。

（13）刺儿菜 *Cirsium arvense* var. *integrifolium*。

危害部位：全株。

发生情况：中度发生。

分布地点：呼和浩特市和林格尔县、清水河县、玉泉区。

（14）小蓬草 *Erigeron canadensis*。

危害部位：全株。

发生情况：轻度发生。

分布地点：呼和浩特市清水河县。

（15）木贼 *Equisetum hyemale*。

危害部位：全株。

发生情况：中度发生。

分布地点：呼和浩特市赛罕区。

（16）黄花刺茄 *Solanum rostratum*。

危害部位：全株。

发生情况：中度发生。

分布地点：呼和浩特市赛罕区、托克托县、玉泉区、回民区、土默特左旗。

（17）翠雀 *Delphinium grandiflorum*。

危害部位：全株。

发生情况：中度发生。

分布地点：呼和浩特市回民区、武川县。

（18）瑞香狼毒 *Stellera chamaejasme*。

危害部位：全株。

发生情况：中度发生。

分布地点：呼和浩特市回民区、武川县、清水河县、土默特左旗。

（19）萝藦 *Cynanchum rostellatum*。

危害部位：全株。

发生情况：中度发生。

分布地点：呼和浩特市玉泉区、托克托县、和林格尔县。

（20）达乌里秦艽 *Gentiana dahurica*。

危害部位：全株。

发生情况：中度发生。

分布地点：呼和浩特市和林格尔县。

（21）地梢瓜 *Cynanchum thesiodes*。

危害部位：全株。

发生情况：轻度发生。

分布地点：呼和浩特市和林格尔县。

（22）骆驼蓬 *Peganum harmala*。

危害部位：全株。

发生情况：中度发生。

分布地点：呼和浩特市托克托县、土默特左旗。

（23）酸模 *Rumex acetosa*。

危害部位：全株。

发生情况：轻度发生。

分布地点：呼和浩特市和林格尔县。

4. 病害

呼和浩特市的病害主要有 12 种，具体为披针叶野决明白粉病、车前白粉病、胡枝子白粉病、米口袋白粉病、草木樨白粉病、苜蓿白粉病、田旋花白粉病、苦荬菜白粉病、草木樨状黄芪白粉病、羊草叶斑病、委陵菜锈病、铁线莲锈病。

（1）披针叶野决明白粉病 *Erysiphe thermopsidis*。

寄主：披针叶野决明。

危害部位：叶部、茎部。

发生情况：中度发生。

分布地点：呼和浩特市回民区。

（2）车前白粉病 *Erysiphe cichoracearum*。

寄主：车前。

危害部位：叶部。

发生情况：轻度发生。

分布地点：呼和浩特市玉泉区、赛罕区。

（3）胡枝子白粉病 *Erysiphe glycines*。

寄主：胡枝子。

危害部位：叶部、茎部、叶柄部。

发生情况：轻度发生。

分布地点：呼和浩特市玉泉区、和林格尔县、清水河县。

（4）米口袋白粉病 *Microsphaera berberidis*。

寄主：米口袋。

危害部位：叶部、茎部。

发生情况：中度发生。

分布地点：呼和浩特市托克托县、和林格尔县、武川县、清水河县。

（5）草木樨白粉病 *Erysiphe pisi*。

寄主：草木樨。

危害部位：叶部、茎部、花梗、荚果。

发生情况：中度发生。

分布地点：呼和浩特市和林格尔县。

（6）苜蓿白粉病 *Leveillula leguminosarum*。

寄主：苜蓿。

危害部位：叶部、叶柄部、茎部、荚果。

发生情况：轻度发生。

分布地点：呼和浩特市和林格尔县。

（7）田旋花白粉病 *Erysiphe convolvuli*。

寄主：田旋花。

危害部位：叶部、叶柄部、茎部。

发生情况：中度发生。

分布地点：呼和浩特市和林格尔县。

（8）苦荬菜白粉病 *Erysiphe cichoracearum*。

寄主：苦荬菜。

危害部位：叶部。

发生情况：轻度发生。

分布地点：呼和浩特市清水河县、回民区。

（9）草木樨状黄芪白粉病 *Erysiphe pisi*。

寄主：草木樨状黄芪。

危害部位：叶部、茎部、花梗、荚果。

发生情况：轻度发生。

分布地点：呼和浩特市和林格尔县。

（10）羊草叶斑病 *Alternaria* sp.。

寄主：羊草。

危害部位：叶部。

发生情况：中度发生。

分布地点：呼和浩特市回民区、玉泉区、和林格尔县、赛罕区、托克托县、武川县、清水河县、土默特左旗。

（11）委陵菜锈病 *Phragmidium* Link。

寄主：委陵菜。

危害部位：叶部、花、果实。

发生情况：中度发生。

分布地点：呼和浩特市回民区、武川县、赛罕区。

（12）铁线莲锈病 *Puccinia clematidicola*。

寄主：铁线莲。

危害部位：叶部、枝干。

发生情况：中度发生。

分布地点：呼和浩特市玉泉区。

二、普查范围与内容

（一）普查范围

根据《呼和浩特市草原有害生物普查工作方案》，呼和浩特市此次普查的区域范围为《中华人民共和国草原法》所界定的全市范围内草原，即天然草原（包括草地、草山和草坡）和人工草地（包括改良草地和退耕还草地，不包括城镇草地）。踏查面积 28 536 hm^2。

（二）普查内容

1. 草原有害生物种类（包括亚种和株系）

啮齿类动物、昆虫、植物病原微生物和毒害草。

2. 寄主

有害生物危害的植物种类（含转主寄主）。

3. 危害部位或危害方式

危害部位指寄主的叶部、茎部、根部、果实、种子、地上部和全株等；危害方式指取食、有毒、侵占、攀缘、寄生等。

4. 种群密度

调查标准地单位面积内同一物种的数量。

5. 发生和分布范围

草原有害生物发生的区域和有文献记载、相关历史资料记录或普查中新发现的某种有害生物的分布范围。

6. 发生面积

某种有害生物发生时，统计乡镇行政区范围内寄主面积。

7. 草地类型

在行政区划范围内，以《2010 年内蒙古草原资源调查结果》为基础进行调查。呼和浩特市草地类型包括：山地草甸草原亚类、平原丘陵草原亚类、山地草原亚类、沙地草原亚类、低湿地草甸亚类、盐化低地草甸亚类、沼泽化低地草甸亚类和低、中山地草甸亚类。

三、普查技术方案执行情况

（一）踏查情况

按照《呼和浩特市草原有害生物普查工作方案》，呼和浩特市林业和草原局认真规划，研究分析草原分布情况和有害生物发生情况，根据地形地貌、草原分布和草原类型以及内蒙古自治区林业和草原有害生物防治检疫总站下发的踏查点位，规划普查线路。

1. 啮齿动物

（1）线路设置。

规划了 17 条鼠害踏查线路，踏查里程为 1 265.2 km，踏查面积 26 694 hm^2，踏查点 16 个。

（2）踏查时间和调查区域。

根据呼和浩特市草原有害生物的发生发展规律，结合气候条件，将普查时间安排在每年4～8月，每月进行两次调查。调查区域为武川县、和林格尔县、托克托县、清水河县、赛罕区、回民区、玉泉区、新城区、土默特左旗。

（3）完成情况。

呼和浩特市林业和草原局按照普查技术方案要求，完成全部17条规划线路踏查任务，每条线路最少踏查一次。计划完成踏查任务面积 14 049 hm^2，实际完成踏查面积 26 694 hm^2，完成率约190%，超额完成普查任务。

2. 草原虫害

（1）线路设置。

规划了18条虫害踏查线路，踏查里程为1 350.6 km，踏查面积27 506 hm^2，踏查点206个。

（2）踏查时间和调查区域。

根据呼和浩特市草原有害生物的发生发展规律，结合气候条件，将普查时间安排在每年4～8月，每月进行两次调查。调查区域为武川县、和林格尔县、托克托县、清水河县、赛罕区、回民区、玉泉区、新城区、土默特左旗。

（3）完成情况。

呼和浩特市林业和草原局按照普查技术方案要求，完成全部18条规划线路踏查任务，每条线路最少踏查一次。计划完成踏查任务面积 13 248 hm^2，实际完成踏查面积 27 506 hm^2，完成率约208%，超额完成普查任务。

3. 草原毒害草

（1）线路设置。

规划了19条毒害草普查线路，踏查里程为1 436.09 km，踏查面积28 359 hm^2，踏查点228个。

（2）踏查时间和调查区域。

根据呼和浩特市草原有害生物的发生发展规律，结合气候条件，将普查时间安排在每年4～8月，每月进行两次调查。调查区域为武川县、和林格尔县、托克托县、清水河县、赛罕区、回民区、玉泉区、新城区、土默特左旗。

（3）完成情况。

呼和浩特市林业和草原局按照普查技术方案要求，完成全部19条规划线路踏查任务，每条线路最少踏查一次。计划完成踏查任务面积 14 104 hm^2，实际完成踏查面积 28 359 hm^2，完成率约201%，超额完成普查任务。

4. 草原病害

（1）线路设置。

规划了 16 条草原病害普查线路，踏查里程为 1 247.58 km，踏查面积 26 517 hm^2，病害踏查点 54 个。

（2）踏查时间和调查区域。

根据呼和浩特市草原有害生物的发生发展规律，结合气候条件，将普查时间安排在每年 4～8 月，每月进行两次调查。调查区域为武川县、和林格尔县、托克托县、清水河县、赛罕区、回民区、玉泉区、新城区、土默特左旗。

（3）完成情况。

呼和浩特市林业和草原局按照普查技术方案要求，完成全部 16 条规划线路踏查任务，每条线路最少踏查一次。计划完成踏查任务面积 11 562 hm^2，实际完成踏查面积 26 517 hm^2，完成率约 229%，超额完成普查任务。

（二）标准地调查情况

呼和浩特市在踏查过程中，严格按照《呼和浩特市草原有害生物普查技术方案》要求以及内蒙古自治区林业和草原有害生物防治检疫总站所下发的标准地调查点位，在发现草原有害生物危害、已知的草原有害生物重点发生区域和发现入侵或本地区首次出现的有害生物种类时，设立标准地进行详细调查。建立标准地 59 个，其中草原鼠害标准地 15 个、草原虫害标准地 34 个、草原毒害草标准地 8 个、草原病害标准地 2 个。

1. 草原鼠害标准地调查

草原鼠害标准地按要求共设置 15 个，覆盖面积 24 hm^2。标准地调查按设置要求 100% 完成。

每块标准地面积 0.25 hm^2，每个标准地内设置 10 个样方。调查采用夹捕法，用中号鼠夹，连续布放 3 d，布夹后每天至少检查一次。每 50 只鼠夹为一条夹线，沿直线布放，夹距 5 m。平行布放其他夹线，每次布放 6 条夹线，夹线间隔 50 m。统计并记录每个样方和标准地内有效夹数、捕鼠总数、啮齿类动物种类及数量、夹捕率、发生面积、草地类，采集现场影像照片。

2. 草原虫害标准地调查

草原虫害标准地按要求共设置 34 个，覆盖面积 18 hm^2。标准地调查按设置要求 100% 完成。

（1）地面昆虫调查。

一般采用样方法进行调查。每块标准地面积 0.25 hm^2，每块标准地内设置 10 个样方，每个样方面积为 1 m^2 或 1 个标准枝。调查并记录每个样方中的昆虫种类、虫态及数量、寄主、草地类，采集现场影像照片，统计每块标准地内同一种类生物的平均种群密度和发生面积，通过草原有害生物普查信息管理系统上报。

（2）低空飞行昆虫调查。

一般采用样线法进行调查。每块标准地面积 0.25 hm^2，在标准地内设置 3 条样线，采用扫网法，统计并记录每条样线上的昆虫种类、虫态及数量、寄主、草地类，采集现场影像照片，统计每块标准地内同一种类平均种群密度（头/样线）和发生面积，通过草原有害生物普查信息管理系统上报。

（3）叶甲类和鳞翅目幼虫调查。

一般采用标准枝法进行调查。每块标准地面积 0.25 hm^2，每块标准地内选择 3 个取样点，每个取样点随机选择 10 个标准枝，统计并记录每枝上的所有昆虫种类及数量、寄主、草地类，采集现场影像照片，统计每块标准地内同一种类平均种群密度和发生面积，通过草原有害生物普查信息管理系统上报。

3. 草原毒害草标准地调查

草原毒害草标准地按要求共设置 8 个，覆盖面积 4 hm^2。标准地调查按设置要求 100% 完成。

采用样方法进行调查。每块标准地面积 0.25 hm^2，每块标准地内设置至少 5 个样方，每个草本样方面积为 1 m^2，每个灌木样方面积为 25 m^2。调查并记录每个样方中的毒害草种类、数量及盖度、危害方式、草地类、气象数据，采集现场影像照片，统计每个样方和标准地内同一种类平均种群密度、盖度、发生面积，通过草原有害生物普查信息管理系统上报。

4. 草原病害标准地调查

草原病害标准地按要求共设置 2 个，覆盖面积 1.5 hm^2。标准地调查按设置要求 100% 完成。

草原病害均匀发生区域或多种病害混合发生区域采用样方法。每块标准地面积 0.5 hm^2，每块标准地内设置 10 个样方，每个样方面积为 1 m^2，调查并记录每个样方中病害种类、寄主、草地类、感病位置、发病率，采集现场影像照片，统计每块标准地内同一种类病害平均发病率和发生面积，通过草原有害生物普查信息管理系统上报。

（三）内业整理

呼和浩特市林业和草原局各分局和保护中心按照《有害生物标本制作技术规范》，认真制作标本并拍照存档，根据形态特征进行鉴定。

1. 标本情况

（1）草原鼠害标本。

共制作和鉴定草原鼠害标本 6 种 12 份，包括短耳仓鼠、长爪沙鼠、子午沙鼠、中华鼢鼠、五趾跳鼠、达乌尔黄鼠。

（2）草原虫害标本。

共制作和鉴定草原虫害标本 68 种 122 份。其中，直翅目 11 种，为无齿稻蝗、短星翅蝗、红翅皱膝蝗、鼓翅皱膝蝗、亚洲小车蝗、黄胫小车蝗、黄胫异痂蝗、中华剑角蝗、白边雏蝗、笨蝗、日本蚱；双翅目 1 种，为大蚊；鳞翅目 21 种，为斑缘豆粉蝶、云粉蝶、菜粉蝶、黎明豆粉蝶、蛇眼蝶、白眼蝶、仁眼蝶、蓝灰蝶、多眼灰蝶、灿福蛱蝶、小红蛱蝶、重环蛱蝶、荨麻蛱蝶、放影夜蛾、裳夜蛾、蝶青尺蛾、双斜线尺蛾、苹枯叶蛾、黄脉天蛾、舞毒蛾、柳毒蛾；同翅目 2 种，为大青叶蝉、中华象蜡蝉；半翅目 13 种，为横纹菜蝽、二星蝽、尖头麦蝽、菜蝽、紫翅果蝽、斑须蝽、珠蝽、苜蓿盲蝽、亚姬缘蝽、横带红长蝽、角红长蝽、地红蝽、淡带荆猎蝽；鞘翅目 20 种，为中华萝藦肖叶甲、双斑长跗萤叶甲、黑足黑守瓜、广聚萤叶甲、多型虎甲红翅亚种、西伯利亚绿象、蝼步甲、拟步甲、白星花金龟、华北大黑鳃金龟、粗绿彩丽金龟、多异瓢虫、中华食蜂郭公虫、多带天牛、麻斑草天牛、绿芫菁、苹斑芫菁、中华芫菁、红头豆芫菁、腋斑芫菁。

（3）草原毒害草标本。

共制作和鉴定草原毒害草标本 23 种 44 份，包括斜茎黄芪、高山黄华、苦马豆、砂珍棘豆、狭叶荨麻、蒺藜、菟丝子、天仙子、苍耳、欧亚蓝刺头、飞廉、鹤虱、刺儿菜、小蓬草、木贼、黄花刺茄、翠雀、瑞香狼毒、萝藦、达乌里秦艽、地梢瓜、骆驼蓬、酸模。

（4）草原病害标本。

共制作和鉴定草原病害标本 12 种 23 份，包括披针叶野决明白粉病、车前白粉病、胡枝子白粉病、米口袋白粉病、草木樨白粉病、苜蓿白粉病、田旋花白粉病、苦荬菜白粉病、草木樨状黄芪白粉病、羊草叶斑病、委陵菜锈病、铁线莲锈病。

2. 影像整理

呼和浩特市林业和草原局在野外踏查和标准地调查过程中，对发现的有害生物种类及时用数码相机拍摄其形态学、生物学、危害状等，共拍摄影像资料 672 张，其中，虫害照片 420 张，病害照片 72 张，毒害草照片 138 张，鼠害照片 36 张。

四、普查结果

（一）普查结果汇总

1. 草原鼠害（啮齿类）

普查发现，呼和浩特市草原鼠害（啮齿类）主要是短耳仓鼠、长爪沙鼠、子午沙鼠、中华鼢鼠、五趾跳鼠、达乌尔黄鼠。

（1）短耳仓鼠 *Allocricetulus eversmanni*。

短耳仓鼠别称埃氏仓鼠、短尾仓鼠等，属于啮齿目、仓鼠科、仓鼠亚科，是一种小型草原动物，小型鼠类。

形态特征：体形短而粗壮；四肢短小；耳形圆；尾短，尾基明显粗大，尾端变细，整个尾呈明显的楔形；体背黄褐色带灰色，背毛毛基灰黑色；耳背黑灰色，基部色较浅，呈黄褐色；耳基前缘具一簇白色毛；腹面毛白色，腹中央毛基淡灰色，向体侧越来越深；足掌裸露，背面白色。

生活习性：主要在夜间活动，日间睡觉，视力差。通常晚上 7：00～10：00 最活跃。每年繁殖 3～4 窝，每次产仔 3～6 只。寿命为 2～3 年。喜栖于松软的沙质土壤的荒漠草地、固定或半固定沙丘、林耕地、田埂等处，在一些植被较好的固定或半固定沙丘处数量较多。

寄主：草本植物种子、苦豆子、猪毛菜、禾本科植物。

草地类：温性山地草甸类草原。

分布范围：新疆维吾尔自治区、内蒙古自治区、辽宁省、青海省、宁夏回族自治区、甘肃省、山西省、吉林省、陕西省、黑龙江省、河北省等。

发生地点：内蒙古自治区呼和浩特市武川县、和林格尔县、回民区、赛罕区。

危害：盗食粮食，毁坏农作物。啃咬树皮、树根，盗食播种的树木种子，是农区和半农半牧区人工林地的重要害鼠。

发生面积：5 700 亩。

（2）长爪沙鼠 *Meriones unguiculatus*。

长爪沙鼠是一种小型草原动物，大小介于大白鼠和小白鼠之间，属中小型鼠类。

形态特征：体长小于 150 mm。耳长约为后足长的一半。尾短于体长，尾上被以密毛，末端毛较长形成毛囊。爪黑色，后足掌除足跟的一小块裸露外都被密毛。头和体背毛为灰棕色而有光泽，眼周、耳后与体侧的毛颜色较浅。腹部与胸部呈污白色，毛端白色，基部灰色。尾部明显呈两色，上面因混有大量黑色毛而呈黑褐色，下面棕色，尾端长毛呈黑色。

生活习性：分布在沙土或半沙土地带，喜居于含沙较多的疏松土壤里。长爪沙鼠不冬眠，活动规律和气候有关，严冬、酷夏活动较少，春、秋各有一个活动高峰，大风、雨雪天气均活动较少，冬季有雪时常在积雪层中活动。大多数在白天活动，活动距离可达数百米。偶尔在夜间活动，但范围较小。

寄主：锦鸡儿、沙棘、禾本科植物。

草地类：温性山地草甸类草原。

分布范围：内蒙古自治区、河北省、山西省、宁夏回族自治区、陕西省、甘肃省、黑龙江省、吉林省、辽宁省等。

发生地点：内蒙古自治区呼和浩特市和林格尔县。

危害：春、夏以草的幼芽、根须及茎叶为食物，入秋以低株植物的种子为主食，并存粮，其存粮量大，常超过实际需要。可造成农作物严重减产，是农田主要害鼠之一。密度高时，对牧场的损害也大，是草原荒漠化的因素之一。

发生面积：4 700 亩。

（3）子午沙鼠 *Meriones meridianus*。

子午沙鼠别名黄耗子、黄尾巴鼠、中午沙鼠、午时沙土鼠，属于啮齿目、仓鼠科、沙鼠亚科、沙鼠族、沙鼠属，小型地栖啮齿动物。

形态特征：体重 45 g 以上。体长 100～150 mm；尾长 95～150 mm，约等于体长或略短些；后足长 28～37 mm；耳长 13～18 mm。体毛色有变异，体背面呈浅灰黄沙色至深棕色，体侧色较淡，呈沙灰色；体腹面纯白色；眼周及耳后毛色较淡，呈白色或灰白色；尾呈鲜棕黄色，有时下面色稍淡，尾端通常有明显黑褐色毛束；足底覆有密毛；爪呈浅白色；耳壳前缘列生长毛。

生活习性：广泛栖息于各类干旱环境。常聚集于小片适宜的生存环境。在内蒙古荒漠草原区的盐渍周围、农田间的沙丘上的数量极高。夜间活动，白天极少出洞。觅食时趋于远离洞口，仅在交尾期或哺乳期才限于洞穴周围取食。随季节的变化有迁移觅食的习性，其迁移距离一般不超过 1 km。秋季储粮时期，植物种子普遍成熟，食物丰富，沙鼠的活动范围也相对稳定。

寄主：草本植物、旱生灌木、小灌木的茎叶和果实。

草地类：温性山地草甸类草原。

分布范围：内蒙古自治区、河北省、陕西省、甘肃省、宁夏回族自治区、山西省、青海省、新疆维吾尔自治区等地区。

发生地点：内蒙古自治区呼和浩特市和林格尔县。

危害：主要危害植物种子及其营养体。秋季盗贮粮食，其洞穴可加速水土流失。沙鼠因贮存食物和挖掘复杂洞穴而给农牧业带来严重危害。

发生面积：4 500 亩。

（4）中华鼢鼠 *Myospalax fontanieri*。

中华鼢鼠别称方氏鼢鼠、原鼢鼠、串地龙、瞎狯、瞎老、赛隆，属于啮齿目、鼹形鼠科、凸颅鼢鼠属，为哺乳动物。

形态特征：中头宽扁，鼻端平钝；四肢较短，前肢第 2、3 指爪近等长，镰刀形；尾短，但较东北鼢鼠稍长，尾毛稀疏；背部带有明显的锈红色；毛基灰褐色并常显露于外；额部中央有一大小不等、形状不规则的白斑点；腹毛灰黑色，毛尖稍带锈红色，尾毛污白色。

生活习性：终年在地下生活，喜欢在地下挖掘长而复杂的隧洞，在洞里居住和取食，很少到地面上来。挖洞速度很快，善于用强大的前脚挖土，用宽阔平扁的头将土压紧或将挖下的泥土推出洞外。中华鼢鼠不冬眠，昼夜活动，由于它终年在地下生活，因此掌握它的过冬规律十分困难，只能根据地面上的痕迹和封洞的习性来判断。春、秋两季地面上的新土堆增多。冬季在洞内贮粮，很少活动。据封洞和捕获时间分析，一天之内早晚活动频繁，雨后更为活跃。

寄主：沙棘、锦鸡儿、禾本科植物。

草地类：温性山地草甸类草原。

分布范围：甘肃省、青海省、宁夏回族自治区、陕西省、山西省、河北省、内蒙古自治区、四川省、湖南省等。

发生地点：内蒙古自治区呼和浩特市和林格尔县。

危害：在农区，它们咬断作物根部，致使植物枯死，或者把整株作物从地下拖走，造成大片作物缺苗断垄。由于大量盗运贮粮，因此影响作物收获量。在牧区，它们破坏牧草，挖洞推出的土成堆，减少了草场面积。所挖洞道纵横交错，造成水土流失，加速草场退化。

发生面积：3 400 亩。

（5）五趾跳鼠 *Allactaga sibirica*。

五趾跳鼠属于跳鼠科、五趾跳鼠属，主要栖居于半荒漠草原和山坡草地，尤喜选择具有干草原的环境作为栖息地，荒漠地带偶尔也能见到。

形态特征：五趾跳鼠是跳鼠科中体形最大的一种，成体体长超过 120 mm。耳大，前折可达鼻端。头圆，眼大。后肢长为前肢的 3～4 倍，后足具 5 趾，第一和第五趾趾端不达中间 3 趾基部。尾长约为体长的 1.5 倍，末端具黑白长毛形成的毛束。背部及四肢外侧毛尖浅棕黄色，毛基灰色。头顶及两耳内外均为淡沙黄色，两颊、下颌、腹部及四肢内侧为纯白色，臀部两侧各形成一白色纵带，向后延至尾基部分。尾背面黄褐色，腹面浅黄色，末端有黑、白色长毛形成的毛束，黑色部分为环状。

生活习性：适应性强，活动范围广，不集群生活。为夜行性动物，黄昏活动频繁，白天偶尔出洞活动，活动距离常在 1～2 km，所经过的地方掘有多数临时洞穴，作为遇险藏身或临时过夜之处。栖居洞穴常筑在较坚实的土质中，洞较复杂，洞口分为掘进洞口、进出洞口及备用洞口 3 种。五趾跳鼠只用两条后腿跳跃行动，靠尾巴平衡身体。活动异常机敏，运动速度快。五趾跳鼠有冬眠习性。冬眠洞穴与栖息洞穴构造相似，只是洞道向下延伸，直至冻土层下。每年自 9 月上旬起陆续进入冬眠，直至翌年 3～4 月出洞觅食。

寄主：麻黄、骆驼刺、锦鸡儿、禾本科杂草。

草地类：温性山地草甸类草原。

分布范围：黑龙江省、辽宁省、吉林省、河北省、山西省、内蒙古自治区、陕西省、宁夏回族自治区、青海省、新疆维吾尔自治区等。

发生地点：内蒙古自治区呼和浩特市和林格尔县、武川县、托克托县、清水河县。

危害：以植物性食物为主。早春的食物以种子为主，兼食草根，同时亦捕食一些甲虫。入夏后以取食野生绿色植物为主，有时亦到耕地盗食一些农作物的幼苗及瓜果蔬菜。

发生面积：6 700 亩。

（6）达乌尔黄鼠 *Spermophilus dauricus*。

达乌尔黄鼠别名黄鼠、蒙古黄鼠、草原黄鼠、大眼贼，是属于啮齿目、松鼠科、黄鼠属的一种地栖啮齿类哺乳动物。

形态特征：身体中等大小。头大，眼大，体粗胖。体长 16.3～23 cm；眼眶凸起，眼球较凸出；体背毛灰黄褐色，杂有黑褐色；腹毛尖端沙黄色，基部灰色；尾短，尾长只有体长的 1/5～1/3，尾端毛蓬松，尾部灰黄褐色，腹部灰色。

生活习性：为群体散居性动物，有冬眠越冬习性，翌年 3 月上旬结束冬眠。白天活动，除交配期雌鼠和雄鼠偶尔同居外，一般独居。主要栖居于景观开阔地区环境较干旱的沙质土壤地带及靠山的缓坡地带的典型草原及其毗连的滩地上。

山坡因土壤较肥厚，阳光充足，植被生长较好，生境的气候条件较稳定，是其最适宜的栖息条件。取食蒿类植物的根、茎，植物萌发后，以幼芽为食。无储粮习性。

寄主：禾本科杂草。

草地类：温性山地草甸类草原。

分布范围：黑龙江省、吉林省、内蒙古自治区、河北省、山东省、山西省、陕西省、青海省、宁夏回族自治区、甘肃省等。

发生地点：内蒙古自治区呼和浩特市武川县、托克托县、赛罕区、玉泉区、清水河县、土默特左旗、新城区。

危害：达乌尔黄鼠以鲜嫩多汁的茎秆、嫩根、鳞茎、花穗为食。春季喜挖食播下的种子的胚和嫩根；夏季嗜食鲜、甜、嫩、含水较多的作物茎秆；秋季贪吃灌浆乳熟阶段的种子。以洞口为中心成片危害，咬断根苗，吮吸汁液，使幼苗大片枯死。

发生面积：6 700 亩。

2. 草原虫害（昆虫类）

普查发现，呼和浩特市草原虫害主要包括直翅目 11 种，为无齿稻蝗、短星翅蝗、红翅皱膝蝗、鼓翅皱膝蝗、亚洲小车蝗、黄胫小车蝗、黄胫异痂蝗、中华剑角蝗、白边雏蝗、笨蝗、日本蚱；双翅目 1 种，为大蚊；鳞翅目 21 种，为斑缘豆粉蝶、云粉蝶、菜粉蝶、黎明豆粉蝶、蛇眼蝶、白眼蝶、仁眼蝶、蓝灰蝶、多眼灰蝶、灿福蛱蝶、小红蛱蝶、重环蛱蝶、荨麻蛱蝶、放影夜蛾、裳夜蛾、蝶青尺蛾、双斜线尺蛾、苹枯叶蛾、黄脉天蛾、舞毒蛾、柳毒蛾；同翅目 2 种，为大青叶蝉、中华象蜡蝉；半翅目 13 种，为横纹菜蝽、二星蝽、尖头麦蝽、菜蝽、紫翅果蝽、斑须蝽、珠蝽、苜蓿盲蝽、亚姬缘蝽、横带红长蝽、角红长蝽、地红蝽、淡带荆猎蝽；鞘翅目 20 种，为中华萝藦肖叶甲、双斑长跗萤叶甲、黑足黑守瓜、广聚萤叶甲、多型虎甲红翅亚种、西伯利亚绿象、婪步甲、拟步甲、白星花金龟、华北大黑鳃金龟、粗绿彩丽金龟、多异瓢虫、中华食蜂郭公虫、多带天牛、麻斑草天牛、绿芫菁、苹斑芫菁、中华芫菁、红头豆芫菁、腋斑芫菁。

（1）无齿稻蝗 *Oxya adentata* 。

无齿稻蝗是一种常见的稻田害虫，也被称为稻飞虱，属于直翅目、飞虱科，以稻谷为食。

形态特征：体色大部分为绿色。没有明显的齿状结构，因此得名为无齿稻蝗。前翅绿色或前缘绿色、后部为褐色，后翅透明本色，静止时会覆盖在身体上。具有良好的飞行能力，可以迅速在稻田中移动。

生活习性：一年一代，以卵在土中越冬。喜生活在潮湿和禾本科植物生长茂密的环境中，在积水低洼草滩及田埂上常见，产卵于田埂土内。成虫盛发于 8～9 月，蝻及成虫咬食水稻叶片，盛发时会使全田稻叶残缺不全，严重影响产量。

寄主：黄豆、棉花、水稻、小麦、玉米。

草地类：温性山地草甸类草原。

分布范围：甘肃省、内蒙古自治区、河北省、河南省、宁夏回族自治区等。

发生地点：内蒙古自治区呼和浩特市回民区。

危害：吸食植物的汁液，导致稻株叶片出现黄化、枯死等症状，严重影响稻谷的生长和产量。

发生面积：3 400 亩。

（2）短星翅蝗 *Calliptamus abbreviatus*。

短星翅蝗属于斑腿蝗科、星翅蝗属。

形态特征：体形小至中等。头短于前胸背板的长度，头顶向前凸出，低凹，两侧缘明显。头侧窝不明显。复眼长卵形，触角丝状，细长，前胸腹板突圆柱状，顶端钝圆。前翅较短，尾须狭长。体褐色或黑褐色。前翅具有许多黑色小斑点，后翅本色，后足股节内侧红色，具2个不完整的黑纹带，基部有不明显的黑斑点，后足胫节红色。

生活习性：主要栖息在开阔的田野、草地等地区，喜欢阳光充足、植被茂盛的环境。通常在白天活动，尤其是在温暖和干燥的天气条件下活跃。是植食性昆虫，以各种植物的叶子、茎和花为食。

寄主：豆科及禾本科植物。

草地类：温性山地草甸类草原。

分布范围：东北、华北、华东、华中、华南等地区。

发生地点：内蒙古自治区呼和浩特市武川县、托克托县、和林格尔县、赛罕区、回民区、清水河县、玉泉区、新城区。

危害：以植物为食，当数量较多时，会对农作物和牧草造成严重的损害。啃食农作物的叶片、茎部和花朵，导致植物生长迟缓、减产甚至死亡。

发生面积：7 200 亩。

（3）红翅皱膝蝗 *Angaracris rhodopa*。

红翅皱膝蝗是属于斑翅蝗科、皱膝蝗属的一种蝗虫。

形态特征：蝗蝻雌、雄性均4龄。雄虫体中型，头顶宽平，头侧窝三角形；前翅较长，常伸达后足胫节中部；后翅略短于前翅；后足胫节基部膨大部分具平行的细隆线；尾须呈长柱状，超过肛上板顶端，顶圆。雌性体较雄性粗壮；触角较短于头、胸长度之和；前翅较短。体浅绿色或黄褐色，上具细碎褐色斑点。个体的头、胸及前翅均为绿色，腹部褐色。后翅基部红色，其余部分透明。

生活习性：一年发生一代，以卵在土中越冬。一般年份，最早孵化在5月中旬，孵化盛期在6月上旬，羽化最早约在7月上旬，7月下旬进入羽化盛期，8月上、中旬开始产卵。10月中下旬地面仍可见到成虫。

寄主：菊科、禾本科牧草。

草地类：温性山地草甸类草原。

分布范围：内蒙古自治区、甘肃省、青海省、陕西省、山西省、河北省、黑龙江省等。

发生地点：内蒙古自治区呼和浩特市和林格尔县、玉泉区、回民区、武川县、托克托县、赛罕区、清水河县。

危害部位：叶部。

发生面积：7 200 亩。

（4）鼓翅皱膝蝗 *Angaracris barabensis*。

鼓翅皱膝蝗也被称为鼓翅蝗或褶膝蝗，是属于斑翅蝗科、皱膝蝗属的一种飞跃性蝗虫。

形态特征：雄性体中型；颜面垂直，头顶宽短；头侧窝三角形；触角丝状，超过前胸背板的后缘；复眼卵圆形。雌性体较雄性体粗壮；触角较短于头、胸长度之和；前翅伸达或略超过后足胫节中部。体色呈灰绿色、棕绿色或灰棕色，具明显的黑斑。后翅基部黄色或黄绿色。后足胫节黄色或稍呈红色，胫节刺端部黑色。

生活习性：在适宜的环境条件下会大规模繁殖。一只雌性蝗虫可以产下数百个卵，形成大量的蝗虫群体，数量庞大且移动迅速。具有较强的适应性，能够在不同的环境条件下生存和繁殖，可以忍受高温和干旱。

寄主：马铃薯、大豆、蔬菜、禾本科作物、杂草等。

草地类：温性山地草甸类草原。

分布范围：黑龙江省、内蒙古自治区、河北省、山西省、宁夏回族自治区、青海省、甘肃省等。

发生地点：内蒙古自治区呼和浩特市和林格尔县、赛罕区、回民区、武川县、托克托县、玉泉区、清水河县。

危害：以各种农作物为食，也会侵袭草原地区，吃掉大片的草地植被。

发生面积：7 700 亩。

（5）亚洲小车蝗 *Oedaleus decorus asiaticus*。

亚洲小车蝗是属于斑翅蝗科、小车蝗属的一种蝗虫。

形态特征：体褐色带绿色，有深褐色斑。头、胸及翅上的黑褐斑纹很鲜艳。前胸背板中部明显缩狭，有明显的“X”形纹。前胸背板侧片近后部有倾斜的淡色斑，前翅基半部有 2～3 块大黑斑，端半部有细碎不明显的褐斑。后翅基部淡黄绿色，中部有车轮形褐色带纹。后足腿节顶端黑色，上侧和内侧有 3 个黑斑，胫节红色，基部的淡黄褐色环不明显，上侧常混红色。

生活习性：在华北北部一年发生一代，以卵块在地下越冬。翌年 5 月中下旬越冬卵开始孵化，6 月下旬多见 2～3 龄蝗蝻，7 月上旬成虫出现，7 月中下旬为羽化盛期，7 月下旬开始交配，8 月中旬是交配盛期，产卵期延续到 10 月下旬。在华北南部一年发生两代，第一代成虫 6 月下旬出现，第二代成虫 9 月出现。

寄主：玉米、小麦、谷类、高粱、芦苇、茅草。

草地类：温性山地草甸类草原。

分布范围：内蒙古自治区、宁夏回族自治区、甘肃省、青海省、河北省、陕西省、山东省等。

发生地点：内蒙古自治区呼和浩特市和林格尔县、赛罕区、玉泉区、武川县、托克托县、清水河县、回民区、土默特左旗、新城区。

危害：取食植物的叶片、茎秆和穗部，导致植物生长受阻，严重时会导致植株枯死。

发生面积：7 730 亩。

（6）黄胫小车蝗 *Oedaleus infernalis*。

黄胫小车蝗属于斑翅蝗科、小车蝗属。

形态特征：身体呈绿色或黄褐色，胫节呈黄色，因此得名为“黄胫”。成虫的翅膀可以展开飞翔，翅膀通常呈透明或淡黄色。有一对细长的触角。

生活习性：通常以群体形式出现，数量庞大。它们常常聚集在一起，形成大规模的蝗虫群体。具有较高的繁殖力，能够迅速繁殖和扩散。雌性蝗虫会产卵，卵通常埋在土壤中，孵化后的幼虫会继续吃食植物并生长发育。在适宜的季节会进行迁徙，以寻找更多的食物和适宜的生存环境。它们通过飞行或跳跃移动到新的地区。

寄主：小麦、水稻等作物及杂草。

草地类：温性山地草甸类草原。

分布范围：河北省、陕西省、山东省、江苏省、安徽省、福建省、内蒙古自治区等。

发生地点：内蒙古自治区呼和浩特市和林格尔县、托克托县、武川县。

危害部位：叶部。

发生面积：4 200 亩。

（7）黄胫异痂蝗 *Bryodemella holdereri*。

黄胫异痂蝗是属于蝗科的一种蝗虫，一种常见的农田害虫，会对庄稼和草地造成严重的损害。

形态特征：头顶短宽，顶端钝圆，侧缘隆线明显；复眼卵形，大而凸起；触角丝状，略长，超过前胸背板的前缘；前后翅均发达。体色为黄褐色，前翅散布暗色斑点，后翅端部本色透明。

生活习性：夜间活动。通常以群体形式出现，数量庞大。具有迁徙的能力。在适宜的季节和条件下会进行长距离的迁徙，寻找新的食物和繁殖地。繁殖能力很强。雌性蝗虫会产卵，每个卵块含有数十到上百个卵。孵化后的幼虫会经历若干个龄期，逐渐长大成虫。

寄主：小麦、谷子、杂草等禾本科和莎草科植物。

草地类：温性山地草甸类草原。

分布范围：黑龙江省、吉林省、内蒙古自治区、青海省、甘肃省等。

发生地点：内蒙古自治区呼和浩特市武川县。

危害部位：叶部。

发生面积：3 300 亩。

（8）中华剑角蝗 *Acrida cinerea*。

中华剑角蝗是剑角蝗科、剑角蝗属昆虫。

形态特征：雄性，体中大型；头圆锥形，头顶凸出，顶圆；触角剑状；复眼长卵形；前胸背板宽平，具细小颗粒；前翅发达；体绿色或褐色；后翅淡绿色；后足股节和胫节绿色或褐色。雌性，体大型，粗壮；头顶凸出，顶圆，自复眼前缘到头顶顶端的长度等于或大于复眼的纵径；余同雄性。

生活习性：1～2 龄蝗蝻有群集现象，蝗蝻经过 6 次蜕皮羽化为成虫。中华剑角蝗的扩散与食料关系密切，在食料充足的情况下，一般不迁徙，以植栖为主，当寄主被吃光后，向其他寄主迁徙，成虫不远距离迁移，有趋光性。中午气温高一般不取食，阴雨天不取食，天气闷热时只在早晨或晚上取食。

寄主：广泛。

草地类：温性山地草甸类草原。

分布范围：黑龙江省、北京市、河北省、内蒙古自治区、海南省、贵州省、浙江省、四川省、云南省等。

发生地点：内蒙古自治区呼和浩特市和林格尔县、赛罕区、回民区、武川县、托克托县、清水河县、玉泉区、土默特左旗、新城区。

危害：在大量繁殖时，可能会对农田和草地造成一定的危害。它们以大量食草为生，可能导致农作物的减产甚至破坏。

发生面积：6 990 亩。

（9）白边雏蝗 *Chorthippus albomarginatus*。

白边雏蝗是属于蝗科的一种常见蝗虫。

形态特征：体小型，匀称。头侧窝呈狭长四角形。触角丝状，细长，超过前胸背板后缘。雌雄两性前翅发达，略不到达、刚到达或略超过后足股节的顶端，缘前脉域狭长，超过前翅的中部。后翅与前翅等长。体色褐色。前翅前缘脉域基部常具白色纵纹，后足股节内侧基部无暗色斜纹，后足股节顶端及胫节的基部通常淡色，与其余部分同色。

生活习性：通常以大规模的群体形式出现，这种群体行为有助于它们寻找食物和繁殖。具有迁徙能力，当食物不足或环境条件恶化时，它们会组成大规模的迁徙群体，寻找新的栖息地和食物来源。它们的迁徙可以覆盖相当长的距离。雌性会在土壤中产卵，每次产卵数量可达数百个。卵通常在干燥的土壤中孵化，并且需要适宜的温度和湿度条件。

寄主：禾本科植物及其他杂草。

草地类：温性山地草甸类草原。

分布范围：黑龙江省、新疆维吾尔自治区、内蒙古自治区、宁夏回族自治区等。

发生地点：内蒙古自治区呼和浩特市武川县。

危害部位：全株。

发生面积：3 200 亩。

（10）笨蝗 *Haplotropis brunneriana*。

笨蝗是大型的短翅蝗虫，通常为土色，前翅短小而易于识别。

形态特征：体形粗壮。头较短小，明显短于前胸背板。前胸背板中隆线呈片状隆起，全长完整或仅被后横沟微微割断，前、后缘呈锐角或直角状。腹部第二节背板侧面具摩擦板。后足股节外侧具不规则短隆线，基部外侧的上基片短于下基片。前翅短小，其顶端最多略超过腹部第一节背板的后缘；后翅甚小。

生活习性：主要分布在山区，喜栖于土质干燥、阳光充足的地方。从栖境方面看，主要栖息于山丘地区旱生草坡地、林缘及林中光斑地；旱生草灌丛中也有栖息，但多见于向阳温暖的南坡，阴湿的北坡极为少见。属于食性很杂的害蝗，在野外生境中，它偏喜取食当地常见的禾本科单子叶草类，如莛草、白草、狗尾草，同时还取食双子叶杂草类，如尖裂假还阳参、米口袋、地肤及藜等。

寄主：禾本科单子叶草类（莛草、白草、狗尾草及菅）、双子叶杂草类（尖裂假还阳参、米口袋、地肤及藜）等。

草地类：温性山地草甸类草原。

分布范围：北京市、河北省、河南省、内蒙古自治区等。

发生地点：内蒙古自治区呼和浩特市和林格尔县。

危害部位：全株。

发生面积：1 200 亩。

（11）日本蚱 *Tetrix japonica*。

日本蚱是一种常见的蝗虫，也被称为日本蝗。

形态特征：褐色至深褐色的身体，具有较长的触角和后腿。身体较扁平，具有适应跳跃的特殊结构。

生活习性：常见于田野、草地、山地和河边等开阔的环境。雌性蚱虫会将卵埋在土壤中，孵化后的幼虫会经历几个发育阶段，直到成为成虫。

寄主：番薯、水稻、小麦、甘蔗等作物。

草地类：温性山地草甸类草原。

分布范围：全国各地均有分布。

发生地点：内蒙古自治区呼和浩特市武川县。

危害部位：全株。

发生面积：3 350 亩。

（12）大蚊 *Tipulidae* sp.。

大蚊是动物界、节肢动物门、昆虫纲、双翅目、长角亚目、大蚊科。

形态特征：体色多为灰褐色或黑色。头部呈三角形，口器发达，可以刺破人类皮肤吸血。翅膀长而狭窄，有黑色斑点，飞行速度较快。雌性大蚊比雄性大，因为雌性需要吸血以产卵。

生活习性：主要栖息在静水中，如沼泽、池塘、水坑等处，也会在河流和湖泊中繁殖。雌性大蚊需要吸血以获得足够的营养来产卵，而雄性大蚊只吸取植物汁液。大蚊的幼虫生活在水中，以藻类和微生物为食，经过几次蜕皮后变成成虫。

寄主：谷类和牧草。

草地类：温性山地草甸类草原。

分布范围：全国各地均有分布，尤其是南方地区。

发生地点：内蒙古自治区呼和浩特市和林格尔县、武川县。

危害部位：全株。

发生面积：4 200 亩。

（13）斑缘豆粉蝶 *Colias erate*。

斑缘豆粉蝶属于粉蝶科、豆粉蝶属蝴蝶。

形态特征：翅展 45～55 mm。雄蝶翅黄色。前翅外缘有宽阔的黑色横带，其中部镶嵌 1 列黄色斑纹，中室端有 1 枚黑色的小圆斑。后翅外缘的黑色纹多相连成列，中室端的圆斑点在正面为橙黄色，背面则呈银白色，外围褐色框。雌蝶翅面为淡黄绿色或淡白色。翅背面颜色较淡，亚端有 1 列暗色斑。

生活习性：初孵幼虫在叶片主脉处停留一段时间，然后开始啃食叶肉，残留叶背表皮，使叶片呈窗斑状。2 龄时将叶片食成孔洞，残留叶脉呈网状。3 龄后食量增加，将叶片食成大的孔洞，严重时可将叶片全部吃光，仅残留叶柄。

寄主：大豆、苜蓿等植物。

草地类：温性山地草甸类草原。

分布范围：东北、华北、华中地区及新疆维吾尔自治区、西藏自治区、江苏省、浙江省、福建省、云南省等。

发生地点：内蒙古自治区呼和浩特市赛罕区、玉泉区、托克托县、回民区、武川县、清水河县。

危害部位：叶部。

发生面积：5 200 亩。

（14）云粉蝶 *Pontia edusa*。

云粉蝶属于粉蝶科、云粉蝶属。

形态特征：雄蝶前翅白色，正面有一个大的黑色中室端斑，反面中室基半部覆黄绿色鳞粉，其余斑纹都与正面相似，颜色为黄绿色。后翅正面前缘中部有一个黑斑，反面黄绿色。雌蝶前翅正面基部和前缘的基部到中室端斑处都密布黑褐色鳞粉，反面与雄蝶相似；后翅反面与雄蝶相同。

生活习性：昼行性昆虫，喜欢在阳光下活动。成虫主要以花蜜为食，而幼虫则以植物叶子为食，特别喜食十字花科和豆科植物的叶子。繁殖周期通常在春夏之间，雌蝶会在寄主植物上产卵。

寄主：萝卜、白菜、甘蓝、油菜、荠菜等十字花科蔬菜及豆科牧草。

草地类：温性山地草甸类草原。

分布范围：黑龙江省、吉林省、辽宁省、新疆维吾尔自治区、青海省、陕西省、宁夏回族自治区、内蒙古自治区、河北省、河南省、山西省、山东省、江西省、浙江省、广东省、广西壮族自治区、四川省、贵州省、西藏自治区、甘肃省等。

发生地点：内蒙古自治区呼和浩特市和林格尔县、玉泉区、回民区、武川县、托克托县、赛罕区、清水河县。

危害部位：叶部。

发生面积：6 750 亩。

（15）菜粉蝶 *Pieris rapae*。

菜粉蝶属于粉蝶科、粉蝶属。

形态特征：粉白色，头大，额区密被白色及灰黑色长毛。眼大，圆凸，裸出，赭褐色。触角较前翅中室略短，背面黑褐色。胸背部底色深黑色，布满灰白色长绒毛。胸足底色黄褐色，密被白鳞，侧背面有黑纵线一条。前翅长三角形；翅面白色，近基部散布黑色鳞片；顶角区有一枚三角形的大黑斑；外缘白色。后翅略呈卵圆形，白色，基部散布黑色鳞。前翅反面大部白色，顶角区密被淡黄色鳞。后翅反面布满淡黄色鳞，其间疏布灰黑色鳞。腹部底色深黑色，密被白鳞。

生活习性：东北、华北一年发生 4～5 代。各地均以蛹越冬。越冬场所多在受害菜地附近的篱笆、墙缝、树皮下、土缝里或杂草及残株枯叶间。在北方，翌年 4 月中下旬越冬蛹羽化，5 月达到羽化盛期。羽化的成虫取食花蜜，交配产卵，1 代幼虫于 5 月上中旬出现，5 月下旬至 6 月上旬是春季为害盛期。2～3 代幼虫于 7～8 月出现，此时因气温高，虫量显著减少。8 月以后，气温下降，且是秋菜生长季节，有利于菜粉蝶生长发育。

寄主：各种蔬菜。

草地类：温性山地草甸类草原。

分布范围：黑龙江省、吉林省、辽宁省、新疆维吾尔自治区、青海省、陕西省、宁夏回族自治区、内蒙古自治区、河北省、河南省、山西省、山东省、江西省、浙江省、广东省、广西壮族自治区、四川省、贵州省、西藏自治区、甘肃省等。

发生地点：内蒙古自治区呼和浩特市托克托县、和林格尔县。

危害部位：叶部。

发生面积：3 900 亩。

（16）黎明豆粉蝶 *Colias heos*。

黎明豆粉蝶属于粉蝶科、粉蝶属。

形态特征：雄蝶翅面橙红色，前后翅外缘带黑色；前翅外缘和后翅为褐黄色。雌蝶翅面橙黄色，顶端部和外缘黑带在 M3 分开，前宽后窄，带内有黄斑分布，中室端黑斑大；后翅中室橙红色斑大，臀域和外缘黑褐色；前后翅亚缘均有淡黄色斑列；翅反面色彩较雄蝶浓，后翅中室端有大小白点各一个。该虫体雌蝶略大于雄蝶。

生活习性：一年一代，成虫 6 月下旬至 7 月上旬雌、雄同期发生。偶见雄蝶与同属种类相伴。

寄主：豆科植物。

草地类：温性山地草甸类草原。

分布范围：陕西省、甘肃省、四川省、内蒙古自治区等。

发生地点：内蒙古自治区呼和浩特市和林格尔县。

危害部位：叶部。

发生面积：2 200 亩。

（17）蛇眼蝶 *Minois dryas*。

蛇眼蝶属于眼蝶科、眼蝶属。

形态特征：体翅黑褐色。前翅基部一条脉明显膨大，后翅外缘波状，翅反面色略淡，后翅由前缘中部至臀角处有一条不太清晰的弧形白带，有的翅基亦有一条，有些无白带纹。前后翅亚缘区有一条不规则黑条纹。缘线黑色，缘毛黑褐色。雌性个体眼纹明显较雄性大，色略淡。

生活习性：成虫多活动于草灌木丛中。喜访花，发生期 7～8 月，可分布至海拔 2 300 m 处。

寄主：水稻、芒草。

草地类：温性山地草甸类草原。

分布范围：黑龙江省、山东省、河北省、山西省、陕西省、新疆维吾尔自治区、河南省、浙江省、江西省、福建省、内蒙古自治区等。

发生地点：内蒙古自治区呼和浩特市赛罕区、玉泉区、武川县、托克托县、清水河县、和林格尔县、回民区。

危害部位：叶部。

发生面积：6 600 亩。

（18）白眼蝶 *Melanargia halimede*。

白眼蝶属于眼蝶科、眼蝶属。

形态特征：中小型蝶，翅展约 50 mm。翅白色，翅脉黑褐色，翅面具黑色斑纹。前翅近顶角及中部有 2 条黑色不规则斜带，外缘带黑褐色。后翅亚外缘带黑褐色，锯齿状。

生活习性：飞行速度较快，翅膀一扇一合地快速振动。飞行时会不断改变飞行高度和方向，往往会在花朵周围盘旋。幼虫以豆科植物为食，特别是苜蓿和蚕豆等。幼虫经过几个蜕皮阶段后，会形成一个绿色的蛹，最后变成成虫。繁殖过程通常与寄主植物的生命周期密切相关。

寄主：水稻、甘蔗、竹。

草地类：温性山地草甸类草原。

分布范围：北京市、山西省、内蒙古自治区、陕西省、宁夏回族自治区、浙江省等。

发生地点：内蒙古自治区呼和浩特市和林格尔县、清水河县。

危害部位：叶部。

发生面积：3 200 亩。

（19）仁眼蝶 *Eumenis autonoe*。

仁眼蝶是一种中等大小的蝴蝶。

形态特征：翅棕褐色，具有黑色斑纹和眼状斑纹。雄性的翅上有更多的黑色斑纹，而雌性的翅则较为淡雅。身体相对粗壮，头部小而圆，触角细长，末端稍呈钩状。身体覆盖着细小的鳞片，颜色多为黑色或棕色。

生活习性：卵一般产在寄主植物的叶片上，孵化后成为幼虫。整个生命周期的时间长短会受到环境条件的影响。春季和夏季活动较为频繁，这是它们繁殖和觅食的主要时期。

寄主：禾本科植物。

草地类：温性山地草甸类草原。

分布范围：陕西省、山西省、甘肃省、黑龙江省、内蒙古自治区等。

发生地点：内蒙古自治区呼和浩特市和林格尔县、清水河县、回民区。

危害部位：叶部。

发生面积：4 200 亩。

（20）蓝灰蝶 *Everes argiades*。

蓝灰蝶是属于鳞翅目、灰蝶科、蓝灰蝶亚科的一种蝶类，是平地最常见的小型蝴蝶。

形态特征：蝶翅青紫色，前翅外缘、后翅前缘与外缘褐色。雌雄异型，雄蝶翅面蓝紫色，外缘黑色，前翅中室端部有明显黑斑，后翅有小尾突；雌蝶翅面黑褐色，中室无黑斑。

生活习性：幼虫取食寄主的叶、芽、蕾和果实。一年发生 4 代以上，以幼虫越冬。成虫喜访花，常于草地、树林边及路旁低飞，也常出现在各种草本植物旁。

寄主：大豆、豌豆、豇豆、苜蓿、紫云英等豆科植物。

草地类：温性山地草甸类草原。

分布范围：黑龙江省、吉林省、内蒙古自治区、陕西省、宁夏回族自治区、河北省、河南省、山东省、浙江省、江西省、福建省、台湾省、海南省、四川省、贵州省、云南省、西藏自治区等。

发生地点：内蒙古自治区呼和浩特市和林格尔县、赛罕区、托克托县。

危害：幼虫会取食植物的叶子、花朵和嫩枝，导致植物生长受阻、果实减少和观赏价值降低。

发生面积：5 500 亩。

（21）多眼灰蝶 *Polyommatus eros*。

多眼灰蝶是属于灰蝶科、灰蝶属的一种蝶类。

形态特征：翅正面暗褐色，除缘点外有橙红色斑，前后翅各 6 个，反面灰白色，前翅有 2 列黑斑沿外缘弧形平行排列，中间夹有橙红色带，后翅黑斑排列与前翅相似，前后翅黑斑皆围白色环。

生活习性：繁殖周期相对较短，一年可繁殖多代。雌蝶在适宜的植物上产卵，孵化出的幼虫在植物上生活和取食。春季和夏季最为活跃，喜欢阳光充足的地方。幼虫主要以植物为食，成虫则喜欢采食花蜜、树汁和烂水果等。

寄主：豆科、壳斗科、桑寄生科、蔷薇科、茜草科、景天科等植物。

草地类：温性山地草甸类草原。

分布范围：黑龙江省、吉林省、河北省、山东省、河南省、陕西省、宁夏回族自治区、甘肃省、青海省、四川省、西藏自治区、内蒙古自治区等。

发生地点：内蒙古自治区呼和浩特市和林格尔县、赛罕区、玉泉区、武川县、托克托县、清水河县。

危害部位：叶部。

发生面积：8 800 亩。

（22）灿福蛱蝶 *Fabriciana adippe*。

灿福蛱蝶是属于鳞翅目、蛱蝶科的一种蝶类。

形态特征：翅面橙黄色，有黑色斑纹。前翅中室有 4 条弯曲的条纹，亚缘区有 1 列黑色圆斑（共 6 个）。后翅中室有 2 条黑色斑纹，亚缘区有黑色圆斑（共 5 个）。

生活习性：幼虫孵化后会吃掉卵壳，并开始以叶片为食。幼虫经历多个蜕皮阶段，每次蜕皮后体形会逐渐增大，直到达到足够的体形后，会形成蛹。蛹期一般为两周左右。蛹在树皮上或其他适合的地方附着。成虫从蛹中孵化后，会展开翅膀，并开始寻找花蜜作为主要的食物。

寄主：堇菜科植物。

草地类：温性山地草甸类草原。

分布范围：黑龙江省、吉林省、内蒙古自治区、青海省、宁夏回族自治区、陕西省、河南省、山东省、江苏省、湖北省、江西省、四川省、贵州省、云南省、西藏自治区等。

发生地点：内蒙古自治区呼和浩特市武川县、和林格尔县、清水河县、玉泉区。

危害部位：叶部。

发生面积：3 200 亩。

（23）小红蛱蝶 *Vanessa cardui*。

小红蛱蝶是属于蛱蝶科、红蛱蝶属的一种美丽的蝴蝶，色彩鲜艳，花纹相当复杂。

形态特征：翅背面橘色、褐色，具有黑色斑点和黑色边缘。雄性的翅上有一条黑色的边缘带，而雌性的翅边缘则呈现黑褐色。翅膀展开时，翅膀宽度为 4.7～6.5 cm。身体相对较小，呈黑色或深褐色，有细长的触角。

生活习性：雌性蝴蝶会选择适合产卵的植物，将卵单独或成簇地放置在植物的叶子上。幼虫孵化后会以叶子为食，经过几个蜕皮阶段后变成蛹，最后在蛹内发育成为成虫。具有一定的迁徙能力，有时会进行短距离的迁徙。它们在夏季繁殖，而在寒冷的冬季，成虫会进入休眠状态，或者一部分成虫会迁徙到更温暖的地区过冬。

寄主：堇菜科、忍冬科、杨柳科、桑科、榆科、麻类、大戟科、茜草科等植物。

草地类：温性山地草甸类草原。

分布范围：河北省、内蒙古自治区、河南省、陕西省、宁夏回族自治区、甘肃省、青海省、四川省等。

发生地点：内蒙古自治区呼和浩特市托克托县。

危害部位：叶部。

发生面积：1 930 亩。

（24）重环蛱蝶 *Neptis alwina*。

重环蛱蝶是一种著名的蝴蝶，也被称为帝王蝶，是世界上著名的迁徙蝶类之一。

形态特征：翅表黑褐色，斑纹白色，前翅中室纵带伸出室外，且前缘不光滑，中带呈“3”形弯曲与后翅中带相接，亚外缘斑纹中部缺，顶角有一白斑；后翅中带直，亚外缘斑纹近似“M”形。翅里茶褐色，斑纹似翅表。

生活习性：具有迁徙能力。

寄主：桃、梅、李、杏及草。

草地类：温性山地草甸类草原。

分布范围：浙江省、北京市、黑龙江省、内蒙古自治区、宁夏回族自治区、甘肃省、河南省、山东省、陕西省、贵州省、云南省等。

发生地点：内蒙古自治区呼和浩特市武川县。

危害部位：叶部。

发生面积：1 990 亩。

（25）荨麻蛱蝶 *Aglais urticae*。

荨麻蛱蝶又称金斑蝶，是一种常见的蛱蝶科昆虫，迁徙能力很强。

形态特征：翅面黄褐色或红褐色，上面有黑色的斑点和边缘，腹面则呈淡黄色。翅展开时有一定的大小，雄性和雌性的外观略有不同，雄性的翅较窄而尖，雌性的翅较宽而圆。身体较纤细。

生活习性：迁徙能力很强，可以进行长途的季节性迁徙。具有拟态保护的特征，其幼虫和成虫体内的毒素会使其具有不可食性，从而避免被捕食者攻击。通常单独活动，但在迁徙过程中会集结在一起形成大规模的群体，以提高生存率。

寄主：荨麻科植物。

草地类：温性山地草甸类草原。

分布范围：北京市、黑龙江省、吉林省、辽宁省、甘肃省、青海省、内蒙古自治区、新疆维吾尔自治区等。

发生地点：内蒙古自治区呼和浩特市回民区。

危害部位：叶部。

发生面积：1 500 亩。

（26）放影夜蛾 *Lygephila craccae*。

放影夜蛾是属于鳞翅目、夜蛾科、影夜蛾属的一种昆虫。

形态特征：成虫口器发达，喙发达，静止时卷曲，少数种类喙退化。复眼半球形，少数肾形。额光滑或有凸起。翅色多较晦暗，前翅通常有几条横线。体形一般中等。

生活习性：成虫夜间活动，多数对灯火和糖蜜有正趋性。白天隐藏于荫蔽处，栖止时翅多平贴于腹背。

寄主：豆科、壳斗科、桑寄生科、蔷薇科、茜草科、景天科等植物。

草地类：温性山地草甸类草原。

分布范围：黑龙江省、吉林省、陕西省、宁夏回族自治区、河北省、河南省、山东省、浙江省、江西省、福建省、台湾省、海南省、四川省、贵州省、云南省、西藏自治区、甘肃省、内蒙古自治区等地区。

发生地点：内蒙古自治区呼和浩特市武川县、和林格尔县、托克托县、清水河县、赛罕区、回民区、玉泉区。

危害部位：叶部。

发生面积：6 200 亩。

（27）裳夜蛾 *Catocala nupta*。

裳夜蛾是夜蛾科、裳夜蛾属的一种昆虫。

形态特征：成虫的翅膀呈三角形，翅膀上有白色的斑点和波浪状的斑纹，颜色为浅棕色或淡黄色。雄性裳夜蛾的触角较发达，呈羽毛状，而雌性的触角则比较短小。成虫体长可达 6～8 cm。

生活习性：夜行性昆虫，白天通常躲在树枝或树干上，晚上才会活动。雄蛾会飞到雌蛾所在的地方，然后释放信息素来吸引雌蛾。裳夜蛾的幼虫会吃桑树的叶子，因此也被称为桑蚕。幼虫会在桑树上结成茧，化蛹后成为成虫。成虫寿命较短，只有一周左右。

寄主：杨、柳。

草地类：温性山地草甸类草原。

分布范围：河北省、黑龙江省、新疆维吾尔自治区、内蒙古自治区等。

发生地点：内蒙古自治区呼和浩特市和林格尔县、武川县。

危害部位：叶部。

发生面积：4 200 亩。

（28）蝶青尺蛾 *Geometra papilionaria*。

蝶青尺蛾也被称为英国槐蛾，是一种常见的夜蛾。

形态特征：翅绿色。触角双栉形，额、头顶绿色。后足胫节膨大，有毛束，2 对距。胸部背面绿色，腹部背面污白色。腹板中央弱骨化，极浅凹陷。前翅前缘端半部稍微拱形；外缘浅波曲，中部凸出；内线白色，波曲，外侧有暗绿色阴影；点深绿色，弯月形；外线白色锯齿形，不完整，但其内侧的暗绿色阴影完整清晰；亚缘线清晰，为脉间白斑。后翅顶角圆；外缘圆锯齿形，齿较前翅大。

生活习性：主要栖息在树木附近的森林、公园、花园和城市环境中。夜行性昆虫，在黄昏时开始活动，天亮前停止活动。成虫在交配后，雌性蛾会选择适合的树木或其他表面，将卵产在上面。卵孵化后，幼虫会开始进食并逐渐生长。

寄主：丁香、杨、水曲柳、椴。

草地类：温性山地草甸类草原。

分布范围：湖北省、黑龙江省、北京市、内蒙古自治区、吉林省等。

发生地点：内蒙古自治区呼和浩特市和林格尔县、武川县、清水河县。

危害部位：叶部。

发生面积：4 200 亩。

（29）双斜线尺蛾 *Conchia mundataria*。

双斜线尺蛾属于鳞翅目、尺蛾科。它是一种广泛分布的农业害虫。

形态特征：触角双栉形，雄蛾栉枝较雌性长，触角干白色，栉枝褐色。体背及翅白色，具丝质光泽。前翅前缘和外缘褐色，并具2个褐色斜条，缘毛白色。后翅近外缘具一褐色直线，外缘褐色。前后翅面宽大，但翅较薄，静止时平展在身体两侧。腹部只在第6节和末节上各有一对足。

生活习性：夜间活动，白天则躲藏在植物叶片的底面、土壤中或其他遮蔽处。喜温暖、潮湿的环境。具有较强的繁殖力，一年内可进行多代繁殖。成虫交配后，雌性蛾会选择适合产卵的植物，并将卵黏附在叶片上。每个卵批可含有几十到几百个卵。幼虫具有较强的食性适应性，可以适应不同类型的植物，它们能够通过摄食多种植物来获取所需的营养。

寄主：栎、杨。

草地类：温性山地草甸类草原。

分布范围：辽宁省、吉林省、黑龙江省、内蒙古自治区、河北省、北京市、湖北省、江西省、江苏省、陕西省、山东省等。

发生地点：内蒙古自治区呼和浩特市和林格尔县。

危害部位：叶部。

发生面积：1 900 亩。

（30）苹枯叶蛾 *Odonestis pruni*。

苹枯叶蛾又称苹果蚜蛾，是一种危害苹果树的昆虫。它属于蛾科昆虫，是一种小型蛾类。

形态特征：全体赤褐色或橙褐色。触角黑褐色，分支红褐色。前翅内、外横线黑褐色，呈弧形；亚外缘斑列隐现，较细，呈波状纹；外缘毛深褐色，不太明显；中室端有一明显的近圆形银白色斑点；外缘锯齿状。后翅色泽较浅，有2条不太明显的深色横纹；外缘锯齿状。

生活习性：通常在春季开始繁殖，具体时间会根据地区和气候条件而有所差异。成虫是夜行性昆虫，会飞行到苹果树附近，寻找合适的地方产卵。雌虫通常会选择果实上的叶片或树皮的裂缝作为产卵地点。越冬方式因地区而异。在温暖地区，成虫可能在树皮的裂缝或其他避寒的地方越冬。在寒冷地区，幼虫可能会在果实内越冬，然后在春季孵化。

寄主：苹果、梨、桃、李、梅、樱桃及其他蔷薇科植物。

草地类：温性山地草甸类草原。

分布范围：黑龙江省、内蒙古自治区、福建省、广东省、广西壮族自治区、云南省、宁夏回族自治区、甘肃省、青海省、四川省等。

发生地点：内蒙古自治区呼和浩特市和林格尔县。

危害部位：叶部。

发生面积：1 330 亩。

（31）黄脉天蛾 *Amorpha amurensis*。

黄脉天蛾是属于天蛾科的一种昆虫，也被称为亚洲天蛾。它是一种具有破坏性的害虫，对森林和农作物造成严重威胁。

形态特征：翅灰褐色；翅上斑纹不明显，内线、中线、外线呈棕黑色波状，外缘自顶角到中部有棕黑色斑，翅脉披黄褐色鳞毛，较明显；后翅颜色与前翅相同，横脉黄褐色明显。

生活习性：成虫主要在夜间活动，雄性成虫会飞到雌性成虫所在的地方进行交配。交配完成后，雌性成虫会在树皮上产卵。生命周期通常为一年。幼虫孵化后，经过几个发育阶段，最终形成蛹。蛹期一般持续 2～3 周，然后成虫孵化出来。成虫寿命较短，只有几天到几周不等。

寄主：小叶杨、山杨、桦、椴。

草地类：温性山地草甸类草原。

分布范围：东北、华北、华西地区及新疆维吾尔自治区等。

发生地点：内蒙古自治区呼和浩特市和林格尔县、武川县、清水河县、托克托县。

危害部位：叶部。

发生面积：5 200 亩。

（32）舞毒蛾 *Lymantria dispar*。

舞毒蛾是属于鳞翅目、舞蛾科的一类昆虫。

形态特征：雄成虫前翅茶褐色，有 4～5 条波状横带，外缘呈深色带状，中室中央有一黑点。雌虫前翅灰白色，每两条脉纹间有一个黑褐色斑点。腹末有黄褐色毛丛。卵圆形稍扁，初产为杏黄色，数百粒至上千粒产在一起成卵块，其上覆盖有很厚的黄褐色绒毛。幼虫头为黄褐色，有八字形黑色纹。前胸至腹部第 2 节的毛瘤为蓝色，腹部第 3～9 节的 7 对毛瘤为红色。雌蛹大，雄蛹小。体色红褐或黑褐色，被有锈黄色毛丛。

生活习性：通常在夏季繁殖。雄性和雌性成虫会在树木上进行交配。雌性成虫会产下数百个卵，通常产在树干、树枝或树叶的下表面附近。成虫会从蛹中孵化出来，寿命相对较短，只有几周的时间。它们的主要任务是繁殖和寻找食物。

寄主：苹果、柿、梨、桃、杏、樱桃、栗、橡、杨、柳、桑、榆、落叶松、樟子松、栎、李、桦、山楂、槭、椴、云杉、马尾松、云南松、油松、华山松、红松等 500 多种植物。

草地类：温性山地草甸类草原。

分布范围：东北、华北、华中、西北等地区。

发生地点：内蒙古自治区呼和浩特市和林格尔县。

危害部位：叶部。

发生面积：2 200 亩。

（33）柳毒蛾 *Stilpnotia salicis*。

柳毒蛾又称柳蛾，是属于鳞翅目、毒蛾科的一种昆虫。

形态特征：全体白色，具丝绢光泽，足的胫节和附节生有黑白相间的环纹。末龄幼虫背部灰黑色混有黄色，背线褐色，两侧黑褐色，身体各节具瘤状凸起，其上簇生黄白色长毛。

生活习性：经历完全变态的生命周期，包括卵、幼虫、蛹和成虫 4 个阶段。卵通常在春季由雌蛾产下，经过一段时间后孵化成幼虫。幼虫经过几个鞘蜕皮阶段，逐渐长大，最后在树木上结茧化为蛹。蛹期持续数周至数月不等，最后成虫从茧中孵化出来。通常以群体形式出现，幼虫会集体在树上觅食，造成植物叶片的大面积损害。它们还会通过释放化学信号物质来吸引其他蛾类，形成更大的群体。

寄主：棉花、茶树、杨、柳、栎、栗、樱桃、梨、梅、杏、桃等。

草地类：温性山地草甸类草原。

分布范围：黑龙江省、内蒙古自治区、新疆维吾尔自治区、浙江省、江西省、湖南省、贵州省、云南省等。

发生地点：内蒙古自治区呼和浩特市武川县、和林格尔县、托克托县、清水河县。

危害部位：叶部。

发生面积：4 200 亩。

（34）大青叶蝉 *Cicadella viridis*。

大青叶蝉是属于同翅目、叶蝉科的一类昆虫。

形态特征：头部正面淡褐色，两颊微青，复眼绿色。前胸背板淡黄绿色，后半部深青绿色。前翅绿色带有青蓝色泽，后翅烟黑色，半透明。腹部背面蓝黑色，胸、腹部腹面及足为橙黄色，附爪及后足腔节内侧细条纹、刺列的基部为黑色。

生活习性：北方年生 3 代，以卵于树木枝条表皮下越冬。4 月孵化，危害杂草、农作物及蔬菜。虫期为 30～50 d。成虫有趋光性，成虫、若虫日夜均可活动取食，产卵于寄主植物茎秆、叶柄、主脉、枝条等组织内，以产卵器刺破表皮形成月牙形伤口。10 月下旬为产卵盛期，直至秋后，以卵越冬。

寄主：大豆、马铃薯等。

草地类：温性山地草甸类草原。

分布范围：黑龙江省、吉林省、辽宁省、内蒙古自治区、河北省、河南省、山东省、江苏省、浙江省、安徽省、江西省、台湾省、福建省、湖北省、湖南省、广东省、海南省、贵州省、四川省、陕西省、甘肃省、宁夏回族自治区、青海省、新疆维吾尔自治区等。

发生地点：内蒙古自治区呼和浩特市武川县、和林格尔县、玉泉区、托克托县、清水河县、赛罕区、回民区。

危害部位：叶部。

发生面积：7 200 亩。

（35）中华象蜡蝉 *Dictyophara sinica*。

中华象蜡蝉是属于同翅目、象蜡蝉科的一类昆虫。

形态特征：体背绿色，复眼淡黄绿色，头至前胸背板有蓝绿色的纵纹，脊凸状，翅膀常绿色透明，翅脉绿色至黄绿色，翅室多长形，不具翅痣或不明显，翅端宽。

生活习性：喜欢在阴湿的环境中栖息，通常出现在海拔 1 500～3 500 m 的山地。成虫一般会选择适合产卵的植物叶片，并在其表面附着圆形或椭圆形的卵。卵孵化后，幼虫会钻入土壤中，寄生于植物根部、枯枝或落叶中。

寄主：桑、柑橘、香樟、桉、蜡梅、菊花、水稻、玉米、高粱、甘蔗。

草地类：温性山地草甸类草原。

分布范围：陕西省、重庆市、四川省、浙江省、广东省、内蒙古自治区、宁夏回族自治区等。

发生地点：内蒙古自治区呼和浩特市武川县、和林格尔县、赛罕区、托克托县、回民区、玉泉区。

危害：以植物汁液和花蜜为食，危害柳树科植物、柏科植物、松科植物、榆科植物。

发生面积：5 990 亩。

（36）横纹菜蝽 *Eurydema gebleri*。

横纹菜蝽是属于半翅目、蝽科的一类昆虫。

形态特征：成虫椭圆形，黄或红色，具黑斑，全体密布刻点。头蓝黑色，前端圆，两侧下凹，侧缘上卷，边缘红黄色，复眼前方具一红黄色斑，复眼、触角、喙黑色，单眼红色。

生活习性：6～7 月间盛发，直至秋末，群集危害茎叶。一般不致使作物枯死，但被害叶会出现褐斑，使叶片萎缩。卵产于叶或茎上，单层排列整齐。

寄主：甘蓝、紫甘蓝、西兰花、花椰菜、白菜、萝卜、樱桃萝卜、油菜、芥菜、板蓝根、白屈菜等。

草地类：温性山地草甸类草原。

分布范围：黑龙江省、吉林省、辽宁省、内蒙古自治区、甘肃省、新疆维吾尔自治区、河北省、陕西省、山东省、江苏省、安徽省、湖北省、四川省、贵州省、云南省、西藏自治区等。

发生地点：内蒙古自治区呼和浩特市和林格尔县、赛罕区、武川县、回民区。

危害：成虫和若虫刺吸蔬菜汁液，尤喜刺吸嫩芽、嫩茎、嫩叶、花蕾和幼荚。

发生面积：5 200 亩。

（37）二星蝽 *Eysacoris guttiger*。

二星蝽是属于半翅目、蝽科的一类昆虫。

形态特征：头部黑色。触角浅黄褐色，具5节。前胸背板侧角短，小盾片末端多无明显的锚形浅色斑，在小盾片基角具2个黄白色、光滑的小圆斑。

生活习性：通常在春季和夏季繁殖和活动，冬季可能会休眠。以植物的汁液为食，尤其偏好豆科植物和其他蔬菜作物。

寄主：麦类作物及水稻、棉花、大豆、高粱、玉米、甘薯、茄、桑、无花果等。

草地类：温性山地草甸类草原。

分布范围：黑龙江省、海南省、广东省、广西壮族自治区、云南省、内蒙古自治区、宁夏回族自治区、甘肃省、四川省、西藏自治区等。

发生地点：内蒙古自治区呼和浩特市赛罕区。

危害：以吸食植物的汁液为生，口部会伤害植物的叶片和茎部，导致叶片凋谢、萎缩和死亡。

发生面积：2 200 亩。

（38）尖头麦蝽 *Aelia acuminata*。

尖头麦蝽是属于半翅目、麦蝽科的一类昆虫。它们通常生活在草地、田野和农田中，以植物汁液为食。

形态特征：体色为黄色至黄褐色。体长9～11 mm。前胸背板有1条白色纵纹。

生活习性：生活在草地、田野和农田等植被茂盛的地方。繁殖方式为半变态，经历卵、若虫和成虫3个阶段。成虫在春季和夏季繁殖，雌性会在植物的叶片上产卵。通常以群体形式出现，它们会聚集在同一片植物上觅食，造成植物受损严重。

寄主：麦类作物及水稻、苜蓿等。

草地类：温性山地草甸类草原。

分布范围：新疆维吾尔自治区、陕西省、甘肃省、内蒙古自治区、宁夏回族自治区等。

发生地点：内蒙古自治区呼和浩特市武川县。

危害部位：叶部、根部、茎部。

发生面积：2 000 亩。

（39）菜蝽 *Eurydema dominulus*。

菜蝽是属于半翅目、菜蝽科的一种昆虫。

形态特征：体长6～9 mm，椭圆形，体色橙红或橙黄，有黑色斑纹。头部黑色，侧缘上卷。前胸背板上有6个大黑斑，略成两排，前排2个，后排4个。翅革片具橙黄或橙红色曲纹，在翅外缘形成2个黑斑；膜片黑色，具白边。足黄、黑相间。腹部腹面黄白色，具4纵列黑斑。

生活习性：常见于农田、菜园、花园和草地等地，尤其是种植十字花科蔬菜的地区。雌性菜蝽会产卵，卵通常被放置在植物的叶片上或茎部。卵经过一段时间后孵化成幼虫。幼虫会取食植物的叶片和茎部。成虫期间，它们会继续取食和繁殖。

寄主：甘蓝、花椰菜、白菜、萝卜、油菜、芥菜等十字花科蔬菜。

草地类：温性山地草甸类草原。

分布范围：黑龙江省、台湾省、海南省、广东省、广西壮族自治区、云南省、内蒙古自治区、宁夏回族自治区、甘肃省、四川省、西藏自治区等。

发生地点：内蒙古自治区呼和浩特市托克托县。

危害部位：叶部、根部、茎部。

发生面积：2 200 亩。

（40）紫翅果蝽 *Carpocoris purpureipennis*。

紫翅果蝽是属于半翅目、果蝽科的一种昆虫，它们得名于其独特的紫色翅膀。

形态特征：体宽，椭圆形，黄褐色至紫褐色。头部侧缘及基部黑色；触角黑色。前胸背板前半部有4条黑色宽纵带,侧角端处黑色。小盾片末端色淡。前翅膜片淡烟褐色，基内角有大黑斑，外缘端处有一个黑斑。腹部侧接缘黑、黄相间，体腹面及足黑色。

生活习性：通常栖息在树木、灌木和其他植物上，尤其喜阳光充足、植被茂密的地方。在春季和夏季繁殖。雌性会将卵产在植物的叶片或茎上。卵孵化后，幼虫会经历几个发育阶段，每个阶段都会蜕皮一次，直到成为成虫。通常独居，个体之间没有明显的社会结构或群体行为。对环境的适应性较强，能够适应一定程度的环境变化，能够在不同类型的植物上生活和繁殖。

寄主：枣、沙枣、苹果、梨、枸杞、白刺、马铃薯、胡萝卜、萝卜、甘草、小麦等。

草地类：温性山地草甸类草原。

分布范围：陕西省、山西省、吉林省、黑龙江省、内蒙古自治区等。

发生地点：内蒙古自治区呼和浩特市和林格尔县、武川县。

危害部位：叶部、根部、茎部。

发生面积：1 890 亩。

（41）斑须蝽 *Dolycoris baccarum*。

斑须蝽是属于半翅目、蝽科的一类昆虫。

形态特征：成虫椭圆形，黄褐色或紫色，密被白绒毛和黑色小刻点；触角黑白相间；喙细长，紧贴于头部腹面。小盾片近三角形，末端钝而光滑，黄白色。前翅革片红褐色，膜片黄褐色，透明，超过腹部末端。胸腹部淡褐色，散布零星小黑点，足黄褐色，腿节和胫节密布黑色刻点。

生活习性：在内蒙古自治区一年 2 代，以成虫在田间杂草、树皮及屋檐下越冬。4 月初开始活动，4 月中旬交尾产卵，4 月底 5 月初幼虫孵化。第一代成虫 6 月初羽化，6 月中旬为产卵盛期；第二代于 6 月中下旬 7 月上旬幼虫孵化，8 月中旬开始羽化为成虫，10 月上中旬陆续越冬。卵多产在作物上部叶片正面或花蕾、果实的苞片上，多行整齐纵列。初孵若虫群聚为害，2 龄后扩散为害。

寄主：麦类、麻类作物及水稻、大豆、玉米、粟、甜菜、苜蓿等。

草地类：温性山地草甸类草原。

分布范围：黑龙江省、台湾省、海南省、广东省、广西壮族自治区、云南省、内蒙古自治区、宁夏回族自治区、甘肃省、四川省、西藏自治区等。

发生地点：内蒙古自治区呼和浩特市托克托县。

危害部位：叶部、根部、茎部。

发生面积：2 200 亩。

（42）珠蝽 *Rubiconia intermedia*。

珠蝽又称为珠蝽或红珠蝽，是属于半翅目、珠蝽科的一类昆虫。

形态特征：成虫椭圆形，体长 8～13.5 mm，宽 6 mm，黄褐色，密被黑色小刻点；触角黑白相间。胸腹部的腹面褐色，足黄褐色，腿节和胫节密布黑色刻点。

生活习性：东北地区 1 年发生 1～2 代，华北地区 1 年发生 2～3 代，江西省等南方地区 1 年发生 3～4 代，均以成虫于杂草丛中、枯枝落叶、树粗皮缝、作物根茬、根际及岩缝等各种缝隙孔洞中越冬。翌春寄主萌发后出蛰危害。在果园内，尤其是间作或靠近麦类及蔬菜的果园，从春到秋均可危害，刺吸果实汁液。各代卵期平均约 10 d，若虫期约 35 d。成、若虫受惊时分泌臭液。

寄主：麦类、豆类作物及水稻、苹果、枣、柳叶菜、水芹等。

草地类：温性山地草甸类草原。

分布范围：湖南省、黑龙江省、吉林省、辽宁省、内蒙古自治区、宁夏回族自治区、甘肃省、广东省、广西壮族自治区、贵州省等。

发生地点：内蒙古自治区呼和浩特市和林格尔县。

危害部位：叶部、根部、茎部。

发生面积：1 790 亩。

（43）苜蓿盲蝽 *Adelphocoris lineolatus*。

苜蓿盲蝽又称为苜蓿纹盲蝽，属于半翅目盲蝽科。

形态特征：成虫黄褐色，被细毛。头顶三角形，褐色，光滑，复眼扁圆，黑色，喙 4 节，端部黑，后伸达中足基节。触角细长，端半色深，顶端具褐色斜纹，中叶具褐色横纹，被黑色细毛。前胸背板胝区隆凸，黑褐色，其后有黑色圆斑 2 个。小盾片凸出，有黑色纵带2条。前翅黄褐色，前缘具黑边，膜片黑褐色。足细长，股节有黑点，胫基部有小黑点。腹部基半两侧有褐色纵纹。

生活习性：在春季和夏季繁殖，雌虫会选择在适合产卵的植物上产卵。卵一般呈黄色，通常附着在植物的叶片上。卵孵化出幼虫，幼虫会经历几个龄期的发育，每个龄期之间会蜕皮一次。幼虫的外形类似成虫，但体形较小，没有完全发育成熟的翅膀。成长过程中会经历几个世代，每个世代之间的时间会根据环境条件而有所不同。在适宜的温度和食物供应下，它们的繁殖速度较快。

寄主：苜蓿、草木樨、马铃薯、棉花等作物。

草地类：温性山地草甸类草原。

分布范围：北京市、天津市、河北省、山西省、内蒙古自治区、辽宁省、吉林省、黑龙江省等。

发生地点：内蒙古自治区呼和浩特市清水河县、回民区。

危害部位：叶部、根部、茎部。

发生面积：3 400 亩。

（44）亚姬缘蝽 *Corizus albomarginatus*。

亚姬缘蝽属于半翅目缘蝽科。

形态特征：体长10～12 mm，长椭圆形，红色，被显著黑色斑纹，密被浅色长毛。头三角形，在眼后突然狭窄，侧缘黑，中央红色部分呈菱形，中叶长于侧叶，触角基顶端外侧向前凸出呈刺状。触角黑褐色或黑色。前胸背板刻点密，前端2块黑斑界限清楚，后端4块纵长黑斑有时连接成2块横长的肾形斑；颈片界限清楚，具1列密集的刻点。

生活习性：发生规律一年一代，小麦灌浆期受害较重，成虫6～8月为发生盛期，9月下旬开始越冬。

寄主：小麦、苜蓿、铁杆蒿、蒲公英、鸦葱。

草地类：温性山地草甸类草原。

分布范围：内蒙古自治区、山西省、黑龙江省、贵州省等。

发生地点：内蒙古自治区呼和浩特市清水河县、玉泉区。

危害部位：叶部、根部、茎部。

发生面积：2 430 亩。

（45）横带红长蝽 *Lygaeus equestris*。

横带红长蝽又称红长蝽，属于半翅目长蝽科。

形态特征：朱红色。头三角形，黑色，复眼半球形，褐色，单眼红褐色；触角4节，黑色，喙黑色，伸过中足基节。前胸背板梯形，朱红色，前缘黑色，后缘常有1个双驼峰形黑纹；小盾片三角形，黑色。前翅革质，朱红色，爪片中部有1个圆形黑斑,顶部暗色，革片近中部有 1 条不规则的黑横带。足及胸部下方黑色。腹部背面朱红色，下方各节前缘有 2 个黑斑，侧缘端角为黑色。

生活习性：主要在白天活动，在早晨和傍晚时段活动较为频繁。在植物上觅食、交配和繁殖。成虫交配后，雌虫会选择适合产卵的植物，并将卵黏附在植物的表面。幼虫孵化后，会通过几个若虫期的发育阶段，最终成长为成虫。

寄主：瓜类蔬菜等。

草地类：温性山地草甸类草原。

分布范围：北京市、天津市、江苏省、河南省、浙江省、江西省、广东省、广西壮族自治区、四川省、云南省等。

发生地点：内蒙古自治区呼和浩特市和林格尔县。

危害部位：叶部、根部、茎部。

发生面积：2 200 亩。

（46）角红长蝽 *Lygaeus hanseni*。

角红长蝽又称红肩甲虫、红夹子，是一种常见的甲虫类昆虫，属于红长蝽科。

形态特征：长椭圆形，红色。头三角形，黑色，触角 4 节，黑色。前胸背板前缘两侧各有 1 个圆形黑斑。小盾片三角形，红色。革片和缘片中间各有 1 个椭圆形黑斑，爪片中部靠近小盾片底部各有 1 个椭圆形黑斑；膜片黑色，中央有 1 个圆形白斑，基部和靠近白斑处各有 1 条不规则的白色横纹。

生活习性：在寒冷的冬季，会进入冬眠状态。通常选择树木的树皮下或者其他隐蔽的地方过冬。会相互接触、通信和协作，如集体觅食、保护幼虫等。群体中的个体之间通过触角接触进行信息交流。

寄主：瓜类蔬菜。

草地类：温性山地草甸类草原。

分布范围：北京市、天津市、江苏省、河南省、浙江省、江西省、广东省、广西壮族自治区、四川省、云南省、台湾省、内蒙古自治区等地区。

发生地点：内蒙古自治区呼和浩特市武川县。

危害部位：叶部、根部、茎部。

发生面积：1 900 亩。

（47）地红蝽 *Pyrrhocoris tibialis*。

地红蝽又称红臭虫、红蝽虫，属于半翅目红臭虫科。它们通常身体呈现鲜艳的红色，有时带有黑色斑点。

形态特征：前胸背板近方形，刻点较密；小盾片顶端具刻点，中胸侧板后缘棕黑色。

生活习性：主要栖息在温暖的地区。常见于田野、草地、花园和森林边缘等地方。具有一定的迁徙能力。在气温变冷或食物资源减少时，会集体迁移到更适宜生存的地方，以寻找新的食物和栖息地。繁殖方式是卵生，雌性会在适当的地方产卵。幼虫孵化后会经历几个发育阶段，最终成为成虫。

寄主：冬葵、禾本科杂草。

草地类：温性山地草甸类草原。

分布范围：宁夏回族自治区、北京市、河北省、内蒙古自治区、辽宁省、上海市、江苏省、浙江省、山东省、甘肃省等。

发生地点：内蒙古自治区呼和浩特市和林格尔县、武川县。

危害部位：叶部、根部、茎部。

发生面积：5 600 亩。

（48）淡带荆猎蝽 *Acanthaspis cincticrus*。

淡带荆猎蝽属于半翅目荆猎蝽科。

形态特征：身体呈椭圆形，背部有 5 对明显的黑白相间的斑纹。头部较小，呈三角形，眼睛较大，通常呈黑色。触角比较长，呈黑色，由多个节组成。具翅，但通常在休息时将翅折叠在身体下面。胸部和腹部之间有一个明显的缝隙。腿较长，呈黑色，足端有爪。

生活习性：常见于农田、草地、花园和林地等开放的环境中。通过交配繁殖。雌性在适宜的环境中产卵，卵呈黄色，通常附着在植物的叶片上。孵化后的幼虫经过几个发育阶段，逐渐长大并经历蛹化，最终成为成虫。

寄主：禾本科植物。

草地类：温性山地草甸类草原。

分布范围：陕西省、北京市、河北省、山西省、河南省、山东省、内蒙古自治区等地区。

发生地点：内蒙古自治区呼和浩特市和林格尔县。

危害部位：叶部、根部、茎部。

发生面积：1 900 亩。

（49）中华萝藦肖叶甲 *Chrysochus chinensis*。

中华萝藦肖叶甲是属于肖叶甲科、萝藦肖叶甲属的一种甲虫。

形态特征：体粗壮，金属蓝色或蓝绿色、蓝紫色，头、胸绿色。鞘翅有时具紫色光泽。触角黑色，前者的端节褐色。触角粗，鞘翅刻点不规则排列。足粗壮，腿节无齿，爪具附齿。

生活习性：1 年生 1 代，老龄幼虫越冬，取食茄、芋、甘薯、蕹菜、雀瓢、曼陀罗、鹅绒藤、黄芪、罗布麻等植物。

寄主：蕹菜、地梢瓜、曼陀罗、鹅绒藤、戟叶鹅绒藤及黄芪属、罗布麻属植物。

草地类：温性山地草甸类草原。

分布范围：黑龙江省、吉林省、辽宁省、内蒙古自治区、甘肃省、青海省、河北省、山西省、陕西省、山东省、河南省、江苏省、浙江省、江西省等。

发生地点：内蒙古自治区呼和浩特市和林格尔县、玉泉区、托克托县、赛罕区、清水河县、武川县。

危害部位：叶部、根部、茎部。

发生面积：4 200 亩。

（50）双斑长跗萤叶甲 *Monolepta hieroglyphica*。

双斑长跗萤叶甲属于鞘翅目叶甲科。

形态特征：体长卵形，棕黄色，具光泽；触角丝状，端部色黑，长为体长的 2/3；复眼大，卵圆形；鞘翅布有线状细刻点，每个鞘翅基半部具 1 近圆形淡色斑，四周黑色。两翅后端合为圆形，后足胫节端部具 1 长刺；腹管外露。

生活习性：1 年生 1 代，以卵在土中越冬。翌年 5 月开始孵化。幼虫共 3 龄，幼虫期 30 d 左右，在 3～8 cm 土中活动或取食作物根部及杂草。7 月初始见成虫，一直延续到 10 月，成虫期 3 个多月，初羽化的成虫喜在地边、沟旁、路边的苍耳、刺菜、红蓼上活动。

寄主：豆类、苜蓿、玉米、茼蒿、胡萝卜、向日葵、杏、苹果等作物。

草地类：温性山地草甸类草原。

分布范围：江苏省、浙江省、湖北省、江西省、内蒙古自治区、宁夏回族自治区、甘肃省、陕西省、四川省、云南省、贵州省等。

发生地点：内蒙古自治区呼和浩特市武川县、和林格尔县、托克托县、清水河县、赛罕区、回民区、玉泉区。

危害：成虫取食叶肉，残留网状叶脉或将叶片吃成孔洞。成虫还咬食谷子、高粱的花药、玉米的花丝以及刚灌浆的嫩粒。幼虫危害轻，仅啃食根部。

发生面积：6 900 亩。

（51）黑足黑守瓜 *Aulacophora nigripennis*。

黑足黑守瓜属于鞘翅目叶甲科。

形态特征：全身极光亮。头部、前胸节和腹部为橙黄至橙红色，上唇、鞘翅、中胸和后胸腹板、侧板以及各足均为黑色。触角熏烟色，基部两节或末端数节有时色泽较淡。鞘翅具较强光泽。鞘翅两侧在基部后明显膨宽，基部略隆，翅面上具密细刻点。

生活习性：1 年生 1～2 代，成虫在避风向阳的土缝或石缝及树皮缝中越冬。翌年 4 月上旬开始取食，6 月上旬至下旬第 1 代成虫产卵，6 月中旬～7 月上旬进入幼虫发生期，7 月上旬～7 月中旬化蛹，7 月上中旬成虫羽化出土，7 月下旬～8 月上旬进入羽化盛期。成虫羽化后于白天交尾，把卵产在土缝中。

寄主：栝楼、苦瓜、丝瓜、黄瓜、南瓜、冬瓜、罗汉果等。

草地类：温性山地草甸类草原。

分布范围：陕西省、山东省、江苏省、河北省、黑龙江省、内蒙古自治区、甘肃省等。

发生地点：内蒙古自治区呼和浩特市托克托县、赛罕区、和林格尔县、清水河县、玉泉区、回民区、武川县。

危害：成虫取食瓜叶、茎、花及瓜条，幼虫食害瓜苗根部，严重时造成全株死亡。

发生面积：6 320 亩。

（52）广聚萤叶甲 *Ophraella communa*。

广聚萤叶甲又称萤火虫，属于萤火虫科。它们具有独特的发光能力，常被人们称为“活体发光器”。

形态特征：身体呈黑色或暗褐色。雄性的触角较长，雌性的触角较短。它们的翅膀相对较短小，不能飞行。背部具有发光器官，内含有一种叫作荧光素的化学物质。

生活习性：喜欢生活在草地、树林、湖泊等温暖湿润的环境中。夜行性昆虫。雄性会发出闪烁的光信号，而雌性则通过发出持续的光信号来回应。这种闪烁的光信号在夜晚的草地、树林等环境中非常明显，帮助它们找到配偶。

寄主：豆类、马铃薯、苜蓿、玉米、茼蒿、胡萝卜、向日葵、杏树、苹果等作物。

草地类：温性山地草甸类草原。

分布范围：东北、华北地区及江苏省、浙江省、湖北省、江西省、福建省、广东省、广西壮族自治区、宁夏回族自治区、甘肃省、陕西省、四川省、云南省、贵州省、内蒙古自治区等地区。

发生地点：内蒙古自治区呼和浩特市武川县、和林格尔县。

危害部位：叶部。

发生面积：4 200 亩。

（53）多型虎甲红翅亚种 *Cicindela hybrida*。

多型虎甲红翅亚种又称红翅虎甲。

形态特征：头和前胸背板翠绿或蓝绿色，鞘翅紫红，体腹面蓝绿或紫色，身体具强烈金属光泽。复眼大而凸出，额具细纵皱纹，头顶具横皱纹。前胸宽稍大于长，基部稍狭于端部，两侧平直。鞘翅密布细小刻点和颗粒，每翅有 3 个斑：基部和端部各有 1 个弧形斑，基部的斑有时分裂为 2 个逗点状斑，中部有 1 个近于倒“V”形的斑。体腹面两侧和足密被粗长白毛。

生活习性：幼虫共 3 个龄期，一般以 3 龄幼虫在土中越冬。翌年夏末秋初成虫羽化，此时性未成熟，但可活动、取食，再以成虫在土中进行越冬，至第 3 年春季成虫性成熟，出土取食、交配和繁衍后代。雌虫以产卵管掘土穴，将卵产于土穴内。一般 2 年发生 1 代。幼虫期约 1 年，成虫期约 10 个月。

寄主：棉花等作物。

草地类：温性山地草甸类草原。

分布范围：福建省、黑龙江省、吉林省、辽宁省、内蒙古自治区、青海省、新疆维吾尔自治区、河北省、山西省、山东省、江苏省、安徽省等。

发生地点：内蒙古自治区呼和浩特市和林格尔县。

危害部位：根部。

发生面积：4 200 亩。

（54）西伯利亚绿象 *Chlorophanus sibiricus*。

西伯利亚绿象属于鞘翅目、象甲科。

形态特征：成虫体呈纺锤形，黑色，表面密被黄绿色、金黄色及灰白色绒毛。头顶及前方较平，中央有一深纵沟。前胸最宽处在后缘。鞘翅基部附近最宽，向后逐渐尖削，翅肩近圆形而倾斜，每鞘翅上有 10 条刻点沟，沟间行距稍隆起。

生活习性：幼虫是木材害虫，主要以树木的根部、枝干和枯木为食。成虫通常生活在树干上，以树皮为食。它们在白天活跃，夜晚则在树皮缝隙中休息。

寄主：苹果、杨、柳。

草地类：温性山地草甸类草原。

分布范围：内蒙古自治区、北京市、黑龙江省、吉林省、辽宁省、山西省、陕西省、宁夏回族自治区、甘肃省、青海省等。

发生地点：内蒙古自治区呼和浩特市武川县、赛罕区、清水河县。

危害：幼虫在取食过程中会钻入树干，破坏树木的内部结构，从而影响树木的生长和健康。在数量较多的情况下，可能会对森林资源造成严重危害。

发生面积：4 900 亩。

（55）婪步甲 *Harpalus* sp.。

婪步甲属于鞘翅目、步甲科。

形态特征：体黑色，有光泽。头部光洁无刻点，触角向后伸达前胸后缘。前胸背板近于方形，两侧稍膨出呈弧形，前缘后凹，后缘平直或在中部微凹入，基凹不深，表面有刻点，基凹中的刻点常彼此相连。鞘翅自肩后稍膨，有 9 条沟，行距隆起，无明显刻点。前足胫节端部外侧有 4～5 根刺，端距基部宽，两侧形成明显的齿。雄虫前足跗节稍膨大，前、中足 1～4 跗节腹面有粘毛。

生活习性：经历完全变态的生命周期。成虫交配后，雌虫会产卵，每次可产卵几十到几百颗。卵孵化出幼虫，经过几个月的发育，幼虫会进入蛹期，最后成为成虫。整个生命周期的持续时间取决于环境温度和食物供应。具有较强的耐饥饿能力，可以在缺乏食物的情况下生存相当长的时间。这使得它们能够适应干旱或食物稀缺的环境。

寄主：小麦、大麦、燕麦及黍科植物的种子。

草地类：温性山地草甸类草原。

分布范围：内蒙古自治区、河北省、河南省、江苏省、安徽省、浙江省、江西省、福建省、湖北省、四川省、贵州省等。

发生地点：内蒙古自治区呼和浩特市武川县。

危害部位：叶部、根部、茎部。

发生面积：3 200 亩。

（56）拟步甲 *Tenebrio* sp.。

拟步甲属于鞘翅目拟步甲科昆虫。

形态特征：成虫体壁坚硬，多为黑色，也有暗褐色、赤褐色或具花斑者；表皮平滑或有粗刻点、颗粒及脊纹等刻饰。体形变化极大，有扁平形、圆筒形、长圆形、琵琶形等，体色有黑色、棕色、绿色、紫色等多种，温带以单一黑色者最普遍，热带则富有各种金属光泽，有些还有红色或白色斑纹，或白色鳞片，头部通常卵形，前口式至下口式。

生活习性：夜行性动物，喜欢在暗处活动，经常藏在墙角、家具下面、纸箱里等暗处。繁殖能力很强，一般情况下，一只雌性拟步甲可以产下 200～300 个卵，孵化后的幼虫又会在短时间内长成成虫，迅速增加它们的数量。

寄主：干燥腐败的植物等。

草地类：温性山地草甸类草原。

分布范围：内蒙古自治区、北京市、黑龙江省、吉林省、辽宁省、山西省、陕西省、宁夏回族自治区、甘肃省、青海省、四川省等。

发生地点：内蒙古自治区呼和浩特市和林格尔县、武川县、托克托县。

危害部位：叶部、根部、茎部。

发生面积：5 600 亩。

（57）白星花金龟 *Protaetia brevitarsis*。

白星花金龟是鞘翅目、花金龟科昆虫。

形态特征：体呈椭圆形，背面较平，较光亮，多古铜色或青铜色，体表散布众多不规则白绒斑。背面布有粗大刻纹，肩凸的内外刻纹尤为密集，白绒斑多为横波纹状。

生活习性：成虫昼伏夜出，飞翔能力强，具有假死性、趋腐性及趋糖性，喜食腐烂的果实以及玉米、向日葵等农作物，对信息素也有很强的趋性。多产卵于粪堆、秸秆、腐草堆等腐殖质较多、环境条件比较潮湿或施有未经腐熟肥料的场所。

寄主：粮食、水果、蔬菜等经济作物。

草地类：温性山地草甸类草原。

分布范围：黑龙江省、吉林省、辽宁省、内蒙古自治区、河北省、陕西省、山西省、山东省、河南省、安徽省、江苏省、浙江省、四川省、湖北省、江西省、湖南省、广西壮族自治区、贵州省、福建省、新疆维吾尔自治区等。

发生地点：内蒙古自治区呼和浩特市赛罕区。

危害：幼虫主要以根茎为食，对农作物根部造成严重破坏，导致作物生长受阻甚至死亡。成虫主要以果实、嫩叶、嫩枝为食。

发生面积：2 200 亩。

（58）华北大黑鳃金龟 *Holotrichia oblita*。

华北大黑鳃金龟属于鞘翅目、鳃金龟科昆虫。

形态特征：成虫长椭圆形，黑色或黑褐色，有光泽。胸、腹部生有黄色长毛，臀板端明显向后凸起，顶端尖，前胸背板宽为长的 2 倍，前缘钝角，后缘角几乎成直角。每鞘翅 3 条隆线。前足胫节外侧 3 齿，中后足胫节末端 2 距。

生活习性：成虫白天潜伏在土中，黄昏活动，20：00～21：00 为出土高峰，有假死及趋光性。出土后尤喜在灌木丛或杂草丛生的路旁、地旁群集取食或交尾，并在附近土壤内产卵，故地边苗木受害较重。

寄主：杨、柳、榆、桑、核桃、苹果、刺槐、栎等多种树。

草地类：温性山地草甸类草原。

分布范围：东北、华北、西北等地区。

发生地点：内蒙古自治区呼和浩特市和林格尔县、清水河县、赛罕区、武川县、回民区、玉泉区、托克托县。

危害：成虫取食杨、柳、榆、桑、核桃、苹果、刺槐、栎等多种果树和林木叶片，幼虫危害阔、针叶树根部及幼苗。

发生面积：6 200 亩。

（59）粗绿彩丽金龟 *Mimela holosericea*。

粗绿彩丽金龟属于鞘翅目、丽金龟科昆虫。

形态特征：成虫全体金绿色，具光泽，前胸背板中央具纵隆线，前缘弧形弯曲，前侧角锐角形，后侧角钝，后缘中央弧形伸向后方，小盾片钝三角形。鞘翅具纵肋。腹面及腿节紫铜色，生白色细长毛。唇基紫铜色，前缘上卷。触角 9 节，雄虫棒状部长大，长于前 5 节之和。复眼黑色，附近散生白长毛。前足胫节外缘 2 齿，跗节第 5 节最长。雄虫前足爪一大一小，大爪末端不分裂。臀板三角形。

生活习性：幼虫危害云杉、冷杉、油松和落叶松等苗木根部。成虫食叶成缺刻或孔洞。内蒙古自治区成虫于 6 月中旬～7 月中旬出现，黑光灯下可诱到大量雌成虫。雄虫白天活动。

寄主：葡萄、苹果。

草地类：温性山地草甸类草原。

分布范围：黑龙江省、吉林省、辽宁省、内蒙古自治区、河北省、青海省等。

发生地点：内蒙古自治区呼和浩特市清水河县。

危害部位：叶部、根部、茎部。

发生面积：3 200 亩。

（60）多异瓢虫 *Hippodamia variegata*。

多异瓢虫又称杂色瓢虫、七星瓢虫、多斑瓢虫等。它们通常有黑色、橙色和白色等多种颜色的斑点，因此得名“杂色瓢虫”。

形态特征：头前部黄白色，后部黑色，或颜面有 2～4 个黑斑，毗连或融合。复眼黑色，触角、口器黄褐色。前胸背板黄白色，基部通常有黑色横带向前 4 叉分开。小盾片黑色，两侧各有 14 个黄白色分界不明显的斑。鞘翅黄褐色到红褐色。两鞘翅上共有 13 个黑斑，除鞘缝上、小盾片下有 14 个黑斑外，其余每个鞘翅上有 6 个黑斑。

生活习性：通常以群体的方式生活。在冬季，聚集在建筑物、树皮、岩石缝隙等地方过冬。在繁殖方面具有高度的适应性，一年可以产卵多次，每次产卵数量可达数百个。卵通常会被黏在植物的叶片上或其他适宜的表面上。孵化后的幼虫会经历几个鞘期，每个鞘期之间会蜕皮一次。对环境适应能力强，可以在各种气候条件下生存。在温暖的季节较活跃，而在寒冷的季节会进入休眠状态。

寄主：棉蚜、麦蚜、豆蚜、玉米蚜，多见于棉花、小麦、豇豆、玉米等作物。

草地类：温性山地草甸类草原。

分布范围：吉林省、辽宁省、新疆维吾尔自治区、内蒙古自治区、陕西省、甘肃省、宁夏回族自治区、北京市、河北省、河南省、山东省、山西省、四川省、福建省、云南省、西藏自治区等。

发生地点：内蒙古自治区呼和浩特市和林格尔县、武川县。

危害部位：叶部、根部、茎部。

发生面积：4 200 亩。

（61）中华食蜂郭公虫 *Trichodes sinae*。

中华食蜂郭公虫又称中华蜜蜂，是中国特有的一种蜜蜂。它们是社会性昆虫，生活在蜂巢中，有着明显的分工，包括女王蜂、工蜂和雄蜂。

形态特征：体形较小，呈深蓝色。头部较大，呈黑色，眼睛大而凸出，颜色为深褐色。触角呈棕色，较长。胸部呈黑色，背部有黄色或橙色的绒毛，前胸板上有两对短而厚的刺状凸起。腹部由 6 个节组成，呈黑色，背部有黄色或橙色的绒毛。雄虫的腹部末端有一对弯曲的生殖器。翅透明，呈薄膜状，前翅较大，后翅较小。足部呈黑色，有黄色或橙色的绒毛，前足和中足有着较长的绒毛，后足上有着较短的绒毛。

生活习性：捕食性昆虫。1 龄幼虫能够寻找并钻入火红拟孔蜂的巢室，取食火红拟孔蜂幼虫，直至结茧化蛹。成虫频繁活动在显花植物上，以小昆虫为食并间接传粉。繁殖是通过交配和产卵实现的。雄蜂会与新出生的女王蜂交配，女王蜂在交配后会储存精子，用于产卵。女王蜂每年能产下成千上万个卵。

寄主：蔷薇科、菊科、忍冬科等灌木和草本植物。

草地类：温性山地草甸类草原。

分布范围：辽宁省、吉林省、黑龙江省、内蒙古自治区、新疆维吾尔自治区、福建省、青海省、四川省、云南省、湖南省、山东省、江苏省、北京市、江西省、浙江省等。

发生地点：内蒙古自治区呼和浩特市和林格尔县。

危害部位：叶部、根部、茎部。

发生面积：2 390 亩。

（62）多带天牛 *Polyzonus fasciatus*。

多带天牛属于鞘翅目、天牛科昆虫。

形态特征：体细长，蓝绿色至蓝黑色，有光泽。鞘翅中央有两条淡黄色横带。触角和足细长。

生活习性：幼虫在木材内活动，以木材纤维为主要食物来源，口器适用于啃食和消化木质纤维。幼虫要经历几个阶段的蜕皮成长，并在木材中度过相当长的时间。幼虫的发育周期根据物种和环境条件而异，通常为数月至数年。

寄主：杨、柳、刺槐、侧柏、麻栎、玫瑰等。

草地类：温性山地草甸类草原。

分布范围：北京市、内蒙古自治区、黑龙江省、吉林省、辽宁省、河北省、河南省等。

发生地点：内蒙古自治区呼和浩特市和林格尔县。

危害部位：叶部、根部、茎部。

发生面积：2 200 亩。

（63）麻斑草天牛 *Eodorcadion impluviatum*。

麻斑草天牛属于鞘翅目、天牛科。

形态特征：体中等大小，呈长卵形，背面呈黑色或深棕色。触角和足呈黑色。胸部呈长方形。胸部有 3 对黑色的腿，腿上有细小的绒毛。胸部背面有 2 对翅膀，翅膀呈透明状，有黑色斑点。翅膀一般比身体长，能够完全覆盖身体。腹部呈长形，由多个节组成。腹部末端有 1 对黑色的触角，触角末端呈锥形。

生活习性：幼虫以老树和枯木为食，特别是橡树和栗树，也取食碱草。

寄主：老树、枯木、碱草。

草地类：温性山地草甸类草原。

分布范围：内蒙古自治区、河北省、北京市、黑龙江省、吉林省等。

发生地点：内蒙古自治区呼和浩特赛罕区、武川县。

危害部位：叶部、根部、茎部。

发生面积：3 600 亩。

（64）绿芫菁 *Lytta caraganae*。

绿芫菁属于鞘翅目、芫菁科。

形态特征：全身绿色，有紫色金属光泽，有些个体鞘翅有金绿色光泽；额前部中央有1个橘红色小斑纹；触角念珠状；鞘翅具皱状刻点，凸凹不平。

生活习性：成虫为夜行性昆虫，白天在植物底部或附近环境中休息。繁殖能力较强，一年可繁殖多代，数量迅速增长。适应性较强，能在较广泛的气候和环境条件下生活。喜欢集群生活，容易形成种群爆发。

寄主：豆类、苜蓿、黄芪、柠条锦鸡儿、槐等。

草地类：温性山地草甸类草原。

分布范围：北京市、内蒙古自治区、黑龙江省、辽宁省、吉林省、河北省、浙江省等。

发生地点：内蒙古自治区呼和浩特市和林格尔县、赛罕区、玉泉区、回民区、武川县、托克托县、清水河县。

危害部位：叶部、根部、茎部。

发生面积：9 930 亩。

（65）苹斑芫菁 *Mylabris calida*。

苹斑芫菁属于鞘翅目、芫菁科。

形态特征：成虫体足全黑，被黑色毛。鞘翅淡黄到棕黄色，具墨斑。头部方形，密布刻点，中央有2个红色小圆斑；触角末端与节膨大成棒状。鞘翅表面皱状，每翅有1条黑色横斑纹。

生活习性：北方1年生1代，南方1年生2代。以前蛹期在土中越冬，北方翌年5月中旬羽化，7月中旬为盛发期。成虫产卵后，群居性很强，一般几十只到上百只，并远距离飞翔为害。

寄主：棉花等作物。

草地类：温性山地草甸类草原。

分布范围：湖北省、江苏省、山东省、河北省、内蒙古自治区、新疆维吾尔自治区、黑龙江省等。

发生地点：内蒙古自治区呼和浩特市和林格尔县、武川县、托克托县、清水河县、赛罕区、玉泉区、回民区。

危害：幼虫主要以果树叶片为食，大量地吃掉叶片，使叶片产生大面积的孔洞，严重影响植物的光合作用，进而影响果树的生长和果实的产量。

发生面积：8 300 亩。

（66）中华芫菁 *Epicauta chinensis*。

中华芫菁属于鞘翅目、芫菁科。

形态特征：体黑色，被细短黑色毛，仅头部两侧后方红色，其余黑色，额中间具 1 块红斑；前胸背板中间具白色短毛组成的纵纹 1 条，沿鞘翅的侧缘、端缘及中缝处长有白毛，头部具密刻点，触角基部内侧生黑色发亮圆扁瘤 1 个。雌虫触角丝状，雄虫触角栉齿状。

生活习性：成虫白天活动，飞行力较弱，但爬行力强，群居性强，尤以中午最盛，群聚危害嫩叶、心叶和花。成虫遇惊常迅速逃避或落地藏匿。每个雌虫可产 400～500 粒卵。每穴卵 70～150 粒。成虫寿命 30～35 d，卵期 18～21 d。

寄主：蕨类植物。

草地类：温性山地草甸类草原。

分布范围：宁夏回族自治区、北京市、天津市、河北省、山西省、内蒙古自治区、吉林省、黑龙江省等。

发生地点：内蒙古自治区呼和浩特市武川县、和林格尔县、托克托县、清水河县、土默特左旗、赛罕区、回民区、玉泉区。

危害部位：叶部、根部、茎部。

发生面积：5 990 亩。

（67）红头豆芫菁 *Epicauta ruficeps*。

红头豆芫菁又称鸡冠虫、红头娘。属于鞘翅目、芫菁科。

形态特征：体黑色，被黑毛，前足腿节背面被少量灰白毛；头红色，头部刻点细小。触角细长，雄虫触角超过体长的一半；雌虫触角约达体长的一半，无长毛。前胸长宽近于相等，前端 1/3 向前束狭。雄虫前足胫节端部具 1 个细长端刺，外侧密布黑色长毛；雌虫胫节端部具 1 对细长端刺，外侧无长毛。

生活习性：生命周期约为 1 年，晚春至早夏期间在豆类植物上产卵。幼虫在豆荚中发育，并在其中度过冬季。第二年春天，成虫会从豆荚中钻出，开始新的生命周期。

寄主：锦葵科和禾本科植物。

草地类：温性山地草甸类草原。

分布范围：内蒙古自治区、福建省、江西省、湖南省、广西壮族自治区、重庆市、四川省、云南省等地区。

发生地点：内蒙古自治区呼和浩特市武川县、和林格尔县、托克托县、清水河县、赛罕区、回民区、玉泉区。

危害部位：叶部、根部、茎部。

发生面积：8 900 亩。

（68）腋斑芫菁 *Mylabris axillaris*。

腋斑芫菁属于鞘翅目、芫菁科。

形态特征：体黑色，略具光泽，密布刻点和黑长毛。鞘翅黄色，具黑斑。唇基前缘暗红，中后部密布刻点和黑长毛。额常具 1 浅凹；腹毛较背毛长且密。上唇前缘平直，中央偶棕红，背面平整无凹洼。触角向后伸达前胸背板基部。鞘翅黄至棕黄，密布黑短毛，基部毛略长。各足基、转节和腿节下侧以及前足胫节和跗节外侧被毛长；前足第 1 跗节略短于末节；腹部第 9 背板近半圆形；端部密被黑毛。

寄主：棉花等作物。

草地类：温性山地草甸类草原。

分布范围：内蒙古自治区、新疆维吾尔自治区、河北省、北京市、江苏省、湖北省、黑龙江省等。

发生地点：内蒙古自治区呼和浩特市和林格尔县、赛罕区、玉泉区、回民区、武川县、托克托县、清水河县。

危害部位：叶部、根部、茎部。

发生面积：6 700 亩。

3. 毒害草

目前，对呼和浩特市构成危害的毒害草有斜茎黄芪、高山黄华、苦马豆、砂珍棘豆、狭叶荨麻、蒺藜、菟丝子、天仙子、苍耳、欧亚蓝刺头、飞廉、鹤虱、刺儿菜、小蓬草、木贼、黄花刺茄、翠雀、瑞香狼毒、萝藦、达乌里秦艽、地梢瓜、骆驼蓬、酸模。

（1）斜茎黄芪 *Astragalus adsurgens*。

斜茎黄芪是一种多年生草本植物，也被称为黄芪。

形态特征：多年生草本。根较粗壮，暗褐色。茎丛生，直立或斜上，有毛或近无毛。羽状复叶有 9～25 片小叶，叶柄较叶轴短；小叶长圆形、近椭圆形或狭长圆形，基部圆形或近圆形，有时稍尖，上面疏被伏贴毛，下面较密。花期 6～8 月，果期 8～10 月。

生长环境：适应寒冷干旱的草原气候。能够在高寒地区生长，耐受低温和干燥的环境。在夏季温暖而短暂的生长季节中迅速生长和开花。通常生长在开阔的草原、草甸、山坡、丘陵和河岸等环境中。

草地类：温性山地草甸类草原。

分布范围：东北、华北、西北、西南等地区。

发生地点：内蒙古自治区呼和浩特市回民区、赛罕区、托克托县、和林格尔县、清水河县、玉泉区。

危害方式：侵占。

发生面积：7 260 亩。

（2）高山黄华 *Thermopsis alpina*。

高山黄华是一种多年生草本植物，根茎粗壮，具有较长的地下茎。

形态特征：多年生草本。疏被长柔毛。茎直立，分枝。三出复叶互生；小叶长椭圆形，先端极尖或钝，基部宽楔形或近圆形，表面渐变无毛，背面密被长柔毛。总状花序顶生；苞片 3 枚，轮生，卵形或长卵形，基部连合，背面密生长柔毛；花 2～3 朵轮生；花冠黄色，瓣圆形。荚果扁平，长椭圆形，常作镰形弯曲或直，被柔毛。种子 4～8 颗，卵状肾形，稍扁，褐色，花期 5～6 月，果期 7～9 月。

生长环境：适应寒冷的气候条件，喜欢凉爽的环境。需要充足的阳光照射，喜欢生长在排水良好的石质或砾石土壤中。

草地类：温性山地草甸类草原。

分布范围：内蒙古自治区、河北省、山西省、陕西省、宁夏回族自治区、甘肃省等。

发生地点：内蒙古自治区呼和浩特市回民区、玉泉区、赛罕区、和林格尔县、武川县、清水河县。

危害方式：侵占。

发生面积：6 360 亩。

（3）苦马豆 *Sphaerophysa salsula*。

苦马豆是豆科、苦马豆属植物。

形态特征：半灌木或多年生草本，茎直立或下部匍匐；枝开展，具纵棱脊，被疏至密的灰白色丁字毛；叶线状披针形，三角形至钻形，自茎下部至上部渐变小。叶轴上面具沟槽；小叶 11～21 片，倒卵形至倒卵状长圆形，先端微凹至圆，具短尖头，基部圆至宽楔形，上面疏被毛至无毛，侧脉不明显，下面被细小白色丁字毛；小叶柄短，被白色细柔毛。花期 5～8 月，果期 6～9 月。

生长环境：生于山坡、草原、荒地、沙滩、戈壁绿洲、沟渠旁及盐池周围，较耐干旱，习见于盐化草甸、强度钙质性灰钙土上。

草地类：温性山地草甸类草原。

分布范围：吉林省、辽宁省、内蒙古自治区、河北省、山西省、陕西省、宁夏回族自治区、甘肃省、青海省、新疆维吾尔自治区等。

发生地点：内蒙古自治区呼和浩特市和林格尔县。

危害方式：侵占。

发生面积：3 260 亩。

（4）砂珍棘豆 *Oxytropis racemosa*。

砂珍棘豆是豆科、棘豆属的多年生草本。

形态特征：根淡褐色，圆柱形，茎多头。轮生羽状复叶；托叶膜质，叶片卵形，大部分与叶柄贴生，分离部分先端尖，被柔毛；叶柄与叶轴上面有细沟纹。密被长柔毛；小叶轮生，顶生头形总状花序；总花梗被微卷曲绒毛；苞片披针形，比花萼短而宿存；花萼管状钟形，萼齿线形，被短柔毛；花冠红紫色或淡紫红色，旗瓣匙形，翼瓣卵状长圆形，子房微被毛或无毛，花柱先端弯曲。荚果膜质，卵状球形，膨胀，种子肾状圆形，暗褐色。5～7 月开花，6～10 月结果。

生长环境：生于海拔 440～3 400 m 的山坡草地、石质山坡、河谷阶地、冲积川地、草地、荒地、田边、渠旁、沼泽草甸、盐土草滩上。

草地类：温性山地草甸类草原。

分布范围：东北、华北地区及内蒙古自治区、陕西省、甘肃省、宁夏回族自治区等。

发生地点：内蒙古自治区呼和浩特市清水河县。

危害方式：侵占。

发生面积：2 260 亩。

（5）狭叶荨麻 *Urtica angustifolia*。

狭叶荨麻是荨麻科、荨麻属的多年生草本。

形态特征：有木质化根状茎。茎四棱形，疏生刺毛和稀疏的细糙毛，分枝或不分枝。叶披针形至披针状条形，稀狭卵形，先端长渐尖或锐尖，基部圆形，稀浅心形，边缘有粗牙齿或锯齿 9～19 枚，齿尖常前倾或稍内弯，上面粗糙，生细糙伏毛和具粗而密的缘毛，下面沿脉疏生细糙毛，基出脉 3 条，侧脉 2～3 对；叶柄短，疏生刺毛和糙毛；托叶每节 4 枚，离生，条形。花期 6～8 月，果期 8～9 月。

生长环境：喜半阴、湿润环境，耐寒，适宜疏松土壤。

草地类：温性山地草甸类草原。

分布范围：黑龙江省、吉林省、辽宁省、内蒙古自治区、山东省、河北省、山西省等。

发生地点：内蒙古自治区呼和浩特市清水河县、武川县。

危害方式：侵占。

发生面积：5 260 亩。

（6）蒺藜 *Tribulus terrestris*。

蒺藜是蒺藜科、蒺藜属草本植物。刺触伤人，疾而且利，故名蒺藜。

形态特征：一年生草本；茎平卧，偶数羽状复叶；小叶对生，3～8 对，矩圆形或斜短圆形，先端锐尖或钝，基部稍偏斜，被柔毛，全缘；花腋生，花梗短于叶，花黄色；花期

5～8 月；果有分果瓣 5，硬，无毛或被毛，中部边缘有锐刺 2 枚，下部常有小锐刺 2 枚，其余部位常有小瘤体；果期 6～9 月。

生长环境：生长于沙地、荒地、山坡、田野、路旁、河边草丛、居民点附近。全球温带都有分布。

草地类：温性山地草甸类草原。

分布范围：全国各地均有分布。

发生地点：内蒙古自治区呼和浩特市玉泉区、赛罕区、托克托县、清水河县、和林格尔县、土默特左旗。

危害方式：侵占。

发生面积：4 600 亩。

（7）菟丝子 *Cuscuta chinensis*。

菟丝子是一种寄生植物，属于旋花科。

形态特征：一年生全寄生草本。茎丝线状，橙黄色，叶退化成鳞片。花簇生，外有膜质苞片；花萼杯状，5 裂；花冠白色，长为花弯 2 倍，顶端 5 裂，裂片常向外反屈。蒴果近球形，成熟时被花冠全部包围；种子淡褐色。花果期 7～10 月。

生长环境：常见于平原、荒地、坟头、地边以及豆科、菊科、草科等植物地内。通常寄生于其他植物，如豆科植物、菊科植物和蒺藜科植物。它的幼芽一旦缠绕在寄主植物体上，就开始吸取养分。

草地类：温性山地草甸类草原。

分布范围：华北、华东、中南、西北及西南等地区。

发生地点：内蒙古自治区呼和浩特市玉泉区、赛罕区、托克托县、和林格尔县、清水河县、土默特左旗。

危害方式：侵占。

发生面积：6 660 亩。

（8）天仙子 *Hyoscyamus niger*。

天仙子是茄科天仙子属多年生草本植物。

形态特征：二年生草本，全体被黏性腺毛。根较粗壮，初期肉质后变纤维质。一年生的茎极短，自根茎发出莲座状叶丛，卵状披针形或长矩圆形，顶端锐尖，边缘有粗牙齿或羽状浅裂，主脉扁宽，侧脉 5～6 条直达裂片顶端，有宽而扁平的翼状叶柄，基部半抱根茎；第二年春茎伸长而分枝，下部渐木质化，茎生叶卵形或三角状卵形，顶端钝或渐尖，无叶柄而基部半抱茎或宽楔形，边缘羽状浅裂或深裂，向茎顶端的叶成浅波状，裂片多为三角形，顶端钝或锐尖，两面除生黏性腺毛外，沿叶脉并生有柔毛。

生长环境：常生于山坡、路旁、住宅区及河岸沙地，喜温暖湿润环境。

草地类：温性山地草甸类草原。

分布范围：东北、华北、西北及西南等地区，华东地区有栽培或逸为野生。

发生地点：内蒙古自治区呼和浩特市武川县、清水河县、回民区、玉泉区。

危害方式：侵占。

发生面积：3 260 亩。

（9）苍耳 *Xanthium strumarium*。

苍耳是一种常见的多年生或一年生草本植物，也被称为稗草。

形态特征：茎直立，不分枝或少有分枝。叶三角状卵形，近全缘，平滑或有短柔毛，叶片边缘锯齿状。花序为大型的穗状花序，由多个小穗组成，每个小穗上有许多小花，花期一般在夏季。果实为颖果，包裹在鳞片内，成熟后散落。

生长环境：喜欢充足的阳光照射，对光照要求较高。对温度适应性较强，能够在较宽的温度范围内生长。对水分要求适中，能够在干旱条件下存活。过多的水分会导致苍耳的繁殖和扩散。

草地类：温性山地草甸类草原。

分布范围：全国各地均有分布。

发生地点：内蒙古自治区呼和浩特市赛罕区、托克托县、和林格尔县、清水河县、新城区、土默特左旗。

危害方式：侵占。

发生面积：9 800 亩。

（10）欧亚蓝刺头 *Echinops sphaerocephalus*。

欧亚蓝刺头是菊科、蓝刺头属多年生草本。

形态特征：茎单生，上部分枝长或短，粗壮，全部茎枝被稠密的多细胞长节毛和稀疏的蛛丝状薄毛。基部和下部茎叶宽披针形，羽状半裂，侧裂片 3～5 对，三角形或披针形，边缘刺齿，顶端针刺状渐尖，向上叶渐小，与基生叶及下部茎叶同形并等样分裂。全部叶质地薄，纸质，两面异色，上面绿色，被稠密短糙毛，下面灰白色，被薄蛛丝状绵毛，但沿中脉有多细胞长节毛。瘦果倒圆锥状，被黄色的稠密顺向贴伏的长直毛，不遮盖冠毛。冠毛量杯状，膜片线形，边缘糙毛状。花果期 8～9 月。

生长环境：适应力强，耐干旱，耐瘠薄，耐寒，喜凉爽气候和排水良好的沙质土，忌炎热、湿涝，可粗放管理。生于山坡草地及山坡疏林下，海拔 120～2 200 m。

草地类：温性山地草甸类草原。

分布范围：新疆维吾尔自治区、内蒙古自治区、宁夏回族自治区、陕西省、山西省、山东省等。

发生地点：内蒙古自治区呼和浩特市赛罕区、和林格尔县、武川县、清水河县、新城区。

危害方式：侵占。

发生面积：6 500 亩。

（11）飞廉 *Carduus nutans*。

飞廉是菊科、飞廉属二年生或多年生草本。

形态特征：茎单生或少数茎成簇生，通常多分枝，分枝细长，全部茎枝有条棱，被稀疏的蛛丝毛和多细胞长节毛，上部或接头状花序下部常呈灰白色，被密厚的蛛丝状绵毛。中下部茎叶长卵圆形或披针形，羽状半裂或深裂，侧裂片 5～7 对，斜三角形或三角状卵形，顶端有淡黄白或褐色的针刺，边缘针刺较短；向上茎叶渐小，羽状浅裂或不裂，顶端及边缘具等样针刺，但通常比中下部茎叶裂片边缘及顶端的针刺短。全部茎叶两面同色，两面沿脉被多细胞长节毛，但上面的毛稀疏，或两面兼被稀疏蛛丝毛，基部无柄，两侧沿茎下延成茎翼，但基部茎叶基部渐狭成短柄。茎翼连续，边缘有大小不等的三角形刺齿裂，齿顶和齿缘有黄白色或褐色的针刺，接头状花序下部的茎翼常呈针刺状。花果期 6～10 月。

生长环境：飞廉属中生草本植物，常生于水分条件较好的阴湿、半阴湿地区的山谷、路旁、田边、沟（滩）畔和林缘草地，海拔 540～2 300 m。

草地类：温性山地草甸类草原。

分布范围：陕西省、黑龙江省、北京市、内蒙古自治区、吉林省、河北省、新疆维吾尔自治区、山西省、辽宁省、青海省等。

发生地点：内蒙古自治区呼和浩特市玉泉区、武川县、清水河县、回民区、和林格尔县。

危害方式：侵占。

发生面积：8 800 亩。

（12）鹤虱 *Lappula myosotis*。

鹤虱是菊科、天名精属植物。

形态特征：花序生小枝顶端，果期伸长；苞片甚小，中上部者较花梗短，下部者较花梗稍长，仅基部的 1～2 个苞片较大呈叶状；果梗上部较短；花萼 5 深裂，裂片线形，果期略增长；花冠淡蓝色，筒部较萼稍长，裂片长圆形，平展，附属物梯形。果实宽卵状；小坚果卵状至狭卵状，背面三角状卵形或狭卵形，散生颗粒状凸起，沿中线龙骨状凸起上有数枚锚状短刺，边缘有 2 行锚状刺，基部略增宽相互邻接，外行刺较短，小坚果腹面密生小颗粒状凸起；花柱伸出小坚果。花果期 7～8 月。

生长环境：生于山坡林下、林缘、草丛。

草地类：温性山地草甸类草原。

分布范围：河南省、山西省、陕西省、甘肃省、贵州省、内蒙古自治区等。

发生地点：内蒙古自治区呼和浩特市托克托县、清水河县。

危害方式：侵占。

发生面积：6 760 亩。

（13）刺儿菜 *Cirsium arvense* var. *integrifolium*。

刺儿菜是菊科、蓟属多年生草本。

形态特征：有长根茎，茎直立，幼茎被白色蛛丝状毛，有棱，上部有分枝，花序分枝无毛或有薄绒毛。叶互生，基生叶花时凋落，下部和中部叶椭圆形或椭圆状披针形，表面绿色，背面淡绿色，两面有疏密不等的白色蛛丝状毛，顶端短尖或钝，基部窄狭或钝圆，近全缘或有疏锯齿，无叶柄。花果期5～9月。

生长环境：刺儿菜常生于田边、路旁、空旷地或山坡，是麦、棉、果园、路边等地的常见杂草，多发生于土壤疏松的旱性土地。

草地类：温性山地草甸类草原。

分布范围：全国各地均有分布。

发生地点：内蒙古自治区呼和浩特市和林格尔县、清水河县、玉泉区。

危害方式：侵占。

发生面积：4 900 亩。

（14）小蓬草 *Erigeron canadensis*。

小蓬草是菊科、飞蓬属一年生草本。

形态特征：根纺锤状；茎直立；叶密集，基部叶花期常枯萎，下部叶倒披针形，中部和上部叶较小。头状花序多数，小，花序梗细，总苞近圆柱状，总苞片淡绿色，线状披针形或线形，花托平；雌花多数，舌状，白色，舌片小，稍超出花盘，线形；两性花淡黄色，花冠管状。5～9月开花。

生长环境：生于旷野、荒地、田边和路旁。

草地类：温性山地草甸类草原。

分布范围：全国各地。

发生地点：内蒙古自治区呼和浩特市清水河县。

危害方式：侵占。

发生面积：1 960 亩。

（15）木贼 *Equisetum hyemale*。

木贼是一种蕨类植物，也被称为蛇足蕨。

形态特征：根茎横走或直立，黑棕色，节和根有黄棕色长毛。地上枝多年生。顶端淡棕色，膜质，芒状，早落；下部黑棕色，薄革质；基部的背面有三四条纵棱，宿存或同鞘筒一起早落。孢子囊穗卵状，顶端有小尖突，无柄。

生长环境：对气候条件要求较为宽泛，可以适应不同的气候类型。对土壤要求不高，可以生长在多种类型的土壤中，如沙质土壤、壤土和石质土壤等。通常喜欢排水良好的土壤。

草地类：温性山地草甸类草原。

分布范围：东北、华北地区及长江流域等。

发生地点：内蒙古自治区呼和浩特市赛罕区。

危害方式：侵占。

发生面积：2 160 亩。

（16）黄花刺茄 *Solanum rostratum*。

黄花刺茄是茄科、茄属一年生草本。

形态特征：直根系，主根发达，侧根较少，多须根。茎直立，基部稍木质化，自中下部多分枝，密被长短不等带黄色的刺，并有带柄的星状毛。叶互生，密被刺及星状毛；叶片卵形或椭圆形，不规则羽状深裂及部分裂片又羽状半裂，裂片椭圆形或近圆形。浆果球形，成熟时黄褐色，果皮薄，与萼合生，萼自顶端开裂后种子散出。种子多数，黑色，具网状凹。花果期6～9月。

生长环境：常生长于过度放牧的牧场、庭院、路边、荒地、滩涂、中耕作物地及果园。种子具有休眠机制，致密而坚厚的种皮可使胚得到更好的保护，能够抵抗不良环境，使之在恶劣的条件下长期保持活力。

草地类：温性山地草甸类草原。

分布范围：辽宁省、吉林省、河北省、北京市、新疆维吾尔自治区、内蒙古自治区等。

发生地点：内蒙古自治区呼和浩特市赛罕区、托克托县、玉泉区、回民区、土默特左旗。

危害方式：侵占。

发生面积：8 230 亩。

（17）翠雀 *Delphinium grandiflorum*。

翠雀是毛茛科、翠雀属的多年生草本。因其蓝色的花似展翅飞翔的小鸟，故而得名翠雀。

形态特征：无块根，茎与叶柄均被反屈而贴伏的短柔毛，上部有时变无毛，等距地生叶、分枝。基生叶和茎下部叶有长柄；叶片圆五角形，三全裂，中央全裂片近菱形，一至二回三裂近中脉，小裂片线状披针形至线形，边缘干时稍反卷，侧全裂片扇形，不等二深裂近基部，两面疏被短柔毛或近无毛；叶柄基部具短鞘。5～10 月开花。

生长环境：翠雀比较耐寒，怕暑热和水涝，喜欢阳光和深厚肥沃的沙壤土，多生长于山地草坡或丘陵砂地。

草地类：温性山地草甸类草原。

分布范围：内蒙古自治区、云南省、山西省、河北省、宁夏回族自治区、贵州省、四川省等。

发生地点：内蒙古自治区呼和浩特市回民区、武川县。

危害方式：侵占。

发生面积：3 500 亩。

（18）瑞香狼毒 *Stellera chamaejasme*。

瑞香狼毒是瑞香科、狼毒属多年生草本。因相传鸟兽误食后立即死去，故名狼毒。

形态特征：根粗大，圆柱形，木质，外皮棕色，断面淡黄色，有绵性纤维。茎直立，数茎丛生。叶互生，无柄，披针形至椭圆状披针形，全缘，无毛。圆头状花序顶生，未开时像一束火柴头；总苞绿色；花黄色或白色、淡红色；花被管状细，基部稍膨大，先端 5 裂，裂片有紫红色网纹；雄蕊 10 个，几无花丝，成 2 轮着生于花被管中；子房上位。果实圆锥形，为花被管基部所包。花期在夏季。

生长环境：生于海拔较高、干燥向阳的高山草坡、草坪或河滩台地上。

草地类：温性山地草甸类草原。

分布范围：黑龙江省、吉林省、辽宁省、河北省、内蒙古自治区、甘肃省、青海省、宁夏回族自治区、西藏自治区等。

发生地点：内蒙古自治区呼和浩特市回民区、武川县、清水河县、土默特左旗。

危害方式：侵占。

发生面积：4 000 亩。

（19）萝藦 *Cynanchum rostellatum*。

萝藦是夹竹桃科、萝藦属多年生草质藤本。

形态特征：具乳汁。茎圆柱状，下部木质化，上部较柔韧，表面淡绿色，有纵条纹，幼时密被短柔毛，老时被毛渐脱落。叶膜质，卵状心形，顶端短渐尖，基部心形，叶耳圆，两叶耳展开或紧接，叶面绿色，叶背粉绿色，两面无毛，或幼时被微毛，老时被毛脱落；侧脉每边 10～12 条，在叶背略明显；叶柄长，顶端具丛生腺体。花期 6～9 月，果期 9～12 月。

生长环境：生长于林边荒地、山脚、河边、路旁灌木丛中。

草地类：温性山地草甸类草原。

分布范围：东北、华北、华东地区及甘肃省、陕西省、贵州省、河南省、湖北省等。

发生地点：内蒙古自治区呼和浩特市玉泉区、托克托县、和林格尔县。

危害方式：侵占。

发生面积：6 000 亩。

（20）达乌里秦艽 *Gentiana dahurica*。

达乌里秦艽是龙胆科、龙胆属多年生草本。

形态特征：全株光滑无毛，基部被枯存的纤维状叶鞘包裹。须根多条。枝多数丛生，斜升，黄绿色或紫红色，近圆形，光滑。莲座丛叶披针形或线状椭圆形。聚伞花序顶生及腋生，排列成疏松的花序；花梗斜伸，黄绿色或紫红色。蒴果内藏，无柄，狭椭圆形；种子淡褐色，有光泽，矩圆形，表面有细网纹。花果期 7～9 月。

生长环境：生于海拔 870～4 500 m 的田边、路旁、河滩、湖边沙地、水沟边、向阳山坡及干草原等地。

草地类：温性山地草甸类草原。

分布范围：四川北部及西北部，以及西北、华北、东北等地区。

发生地点：内蒙古自治区呼和浩特市和林格尔县。

危害方式：侵占。

发生面积：3 600 亩。

（21）地梢瓜 *Cynanchum thesiodes*。

地梢瓜是萝藦科、鹅绒藤属直立半灌木。

形态特征：多年生草本，含乳汁。根茎横生；茎直立或斜升，上部缠绕，多自基部分枝，密生白色柔毛。单叶对生或近对生，线形，两面密生白色柔毛；叶柄短，长约 1 mm。伞形聚伞花序，叶腋生；花萼 5 深裂，外面被柔毛；花冠裂片 5 个，绿白色；副冠杯状，顶端成 5 个裂片，裂片三角状披针形，先端渐尖。蓇葖果纺锤形，两端短尖，中部膨大，长 5～6 cm，直径 2 cm。

生长环境：生长于海拔 200～2 000 m 的山坡、沙丘或干旱山谷、荒地、田边等处。

草地类：温性山地草甸类草原。

分布范围：黑龙江省、吉林省、辽宁省、内蒙古自治区、河北省、河南省、山东省、山西省、陕西省、甘肃省、新疆维吾尔自治区、江苏省等。

发生地点：内蒙古自治区呼和浩特市和林格尔县。

危害方式：侵占。

发生面积：2 100 亩。

（22）骆驼蓬 *Peganum harmala*。

骆驼蓬是白刺科、骆驼蓬属多年生草本。

形态特征：无毛，根多数。茎直立或开展，由基部多分枝。叶互生，叶片卵形，全裂条形或披针状条形裂片，花单生枝端，与叶对生；萼裂片条形，有时仅顶端分裂；花瓣黄白色，倒卵状矩圆形，花丝近基部宽展；蒴果近球形，种子三棱形，稍弯，黑褐色，表面被小瘤状凸起。5～6 月开花，7～9 月结果。

生长环境：全球温带地区都有分布，生于沙地、荒地、山坡、居民点附近。

草地类：温性山地草甸类草原。

分布范围：宁夏回族自治区、内蒙古自治区、甘肃省、新疆维吾尔自治区、西藏自治区等。

发生地点：内蒙古自治区呼和浩特市托克托县、土默特左旗。

危害方式：侵占。

发生面积：2 260 亩。

（23）酸模 *Rumex acetosa*。

酸模是蓼科、酸模属多年生直立草本。

形态特征：茎直立，具深沟槽，通常不分枝。基生叶和茎下部叶箭形，顶端急尖或圆钝，基部裂片急尖，全缘或微波状；茎上部叶较小，具短叶柄或无柄；托叶鞘膜质，易破裂。花序狭圆锥状，顶生，分枝稀疏；花单性，雌雄异株；花梗中部具关节；雄花内花被片椭圆形，外花被片较小，近圆形，瘦果椭圆形，黑褐色，有光泽。5～7 月开花，6～8 月结果。

生长环境：酸模性喜冷凉湿润气候，土壤以排水良好的沙质壤土为宜，生于山坡、林缘、沟边、路旁，海拔 400～4 100 m，繁殖方式为种子繁殖。

草地类：温性山地草甸类草原。

分布范围：全国各地均有分布。

发生地点：内蒙古自治区呼和浩特市和林格尔县。

危害方式：侵占。

发生面积：1 300 亩。

4. 植物病害

普查发现，呼和浩特市草原植物病害包括披针叶野决明白粉病、车前白粉病、胡枝子白粉病、米口袋白粉病、草木樨白粉病、苜蓿白粉病、田旋花白粉病、苦荬菜白粉病、草木樨状黄芪白粉病、羊草叶斑病、委陵菜锈病、铁线莲锈病。

（1）披针叶野决明白粉病。

症状特征：发病初期在叶片上出现白色粉状病斑，病斑扩展后融合成片，严重时覆满整个叶面，后期在白色霉层中生出黄褐色至黑色小点，为病原菌有性阶段形成的闭囊壳。

病原：黄华白粉菌（*Erysiphe thermopsidis*），属子囊菌门、核菌纲、白粉菌目、白粉菌属的真菌。菌丝体生于叶的两面，近存留至存留，形成无定形的白斑。闭囊壳近聚生至聚生，暗褐色，扁球形，壁细胞为不规则多角形；附属丝 12～28 根，不分枝，个别近屈膝状，壁薄，无色或淡黄色，个别在基部为淡褐色；子囊 6～8 个，近卵形、广卵形、近球形或其他不规则形状，无柄、近无柄至有明显的短柄；子囊孢子 3～5 个，卵形至长卵圆形，带黄色。

寄主：披针叶野决明。

草地类：温性山地草甸类草原。

分布范围：内蒙古自治区、山西省、吉林省、青海省等。

发生地点：内蒙古自治区呼和浩特市回民区。

危害部位：叶部、茎部。

发生面积：3 700 亩。

（2）车前白粉病。

症状特征：叶片生白色粉状斑，主要生于叶面，粉状物为病原菌的无性阶段产生的分生孢子梗和分生孢子。病原菌主要寄生于叶面表皮细胞，以吸器吸取营养。发病严重时，病斑可连成一片，整个叶面布满白粉。8 月末在叶片白色粉状斑上长出小黑点，即病原菌的闭囊壳。

病原：菊科白粉菌（*Erysiphe cichoracearum*），属子囊菌门、核菌纲、白粉菌目、白粉菌属的真菌。菌丝表生，有吸器。闭囊壳扁球形，附属丝菌丝状，内含多个子囊。子囊孢子椭圆形，单胞、无色、透明。分生孢子长椭圆形、卵圆形，串生、单胞、无色。

寄主：车前。

草地类：温性山地草甸类草原。

分布范围：全国各地均有分布。

发生地点：内蒙古自治区呼和浩特市玉泉区、赛罕区。

危害部位：叶部。

发生面积：2 300 亩。

（3）胡枝子白粉病。

症状特征：发病时会在茎部、叶部及叶柄部位产生白色粉状物，病情严重时会扩大汇合成可以覆盖所有或大部分叶面的白色粉层，后变成灰色或浅棕色。同时，在粉层中会出现黄色或黑色的颗粒状物。

病原：胡枝子白粉菌（*Erysiphe glycines*），属子囊菌门、白粉菌目、白粉菌属。闭囊壳散生至近聚生，暗褐色、扁球形；附属丝 14～42 根，一般不分枝，近直、曲折状至扭曲状，有 0～3 个隔膜，一般无色，个别在基部呈淡黄色至淡褐色。子囊 6～11 个，近卵形、广卵形至不规则形，有短柄，近无柄至无柄；子囊孢子 6～7 个，卵形、长卵圆形，带黄色。

寄主：胡枝子。

草地类：温性山地草甸类草原。

分布范围：全国各地均有分布。

发生地点：内蒙古自治区呼和浩特市玉泉区、和林格尔县、清水河县。

危害部位：叶部、茎部、叶柄部。

发生面积：3 200 亩。

（4）米口袋白粉病。

症状特征：病初在叶背面形成较厚的白色斑块状粉层，逐渐蔓延覆满整个叶片的正、反两面，呈毡状，内埋深褐色至黑褐色小点状闭囊壳。病株的大量叶片提前脱落。

病原：子囊菌门、白粉菌目、叉丝壳属的小檗叉丝壳（*Microsphaera berberidis*）。菌丝体生于叶的两侧；子囊果多数散生，也有一些密聚生，球形；附属丝 3～17 根，多光滑。子囊一般 2～13 个，宽圆形，有的有短柄，部分无柄；子囊孢子 3～6 个，椭圆形或长椭圆形无色或灰绿色，单胞。

寄主：米口袋。

草地类：温性山地草甸类草原。

分布范围：甘肃省、新疆维吾尔自治区、内蒙古自治区、辽宁省等。

发生地点：内蒙古自治区呼和浩特市托克托县、和林格尔县、武川县、清水河县。

危害部位：叶部、茎部。

发生面积：8 900 亩。

（5）草木樨白粉病。

症状特征：病株的叶部、茎部、花梗和荚果上出现白粉病斑，随病斑扩大相互汇合，使整叶被白粉覆盖。后期在白粉状霉层中出现许多黄色、橙色至黑色小点，即病原菌有性世代的闭囊壳。

病原：豌豆白粉菌（*Erysiphe pisi*），是属子囊菌门、核菌纲、白粉菌目、白粉菌属的真菌。分生孢子单胞，无色，桶形至圆柱形。闭囊壳散生或聚生，球形或扁球形，暗褐色，壳壁细胞较小，为不规则多角形，附属丝 12～43 根，基部淡褐色，上部无色，多不分枝，长度为闭囊直径的 1～5 倍，0～3 个隔膜，闭囊壳内有 3～10 个子囊。子囊卵形、椭圆形，无色，有短柄至近无柄，内有 3～6 个子囊孢子。子囊孢子卵形、椭圆形，无色至略带黄色。

寄主：草木樨。

草地类：温性山地草甸类草原。

分布范围：新疆维吾尔自治区、甘肃省、陕西省、山西省、河北省、北京市、内蒙古自治区、辽宁省、吉林省等。

发生地点：内蒙古自治区呼和浩特市和林格尔县。

危害部位：叶部、茎部、花梗、荚果。

发生面积：2 260 亩。

（6）苜蓿白粉病。

症状特征：主要危害叶部、叶柄、茎部和荚果等，病部出现白色粉状霉斑，初期病斑小，圆形或长椭圆形，后期逐渐扩大，并相互融合，覆盖叶片大部。霉层主要发生于叶背，病斑扩展后，逐渐在叶上形成一层绒毡状霉层，后期在霉层中出现淡黄色至褐色或黑色小点，而且埋生于绒毡层内。

病原：豆科内丝白粉菌（*Leveillula leguminosarum*），属子囊菌门、核菌纲、白粉菌目、内丝白粉菌属的真菌。附属丝丝状，无色、较短、弯曲并有分支，粗细不均匀；闭囊壳内有子囊多个，子囊多为长椭圆形，少数椭圆形、有柄、直或微弯、半透明，内含 2～3 个子囊孢子；子囊孢子椭圆形、卵圆形，略带黄色，单胞。菌丝体初期寄生于寄主组织内，后由气孔伸出，形成大量气生菌丝和分生孢子梗，产生分生孢子；分生孢子多为单个且顶生于分生孢子梗，极少数串生；初生分生孢子单胞。

寄主：苜蓿。

草地类：温性山地草甸类草原。

分布范围：甘肃省、新疆维吾尔自治区、陕西省、贵州省、云南省、吉林省、辽宁省、内蒙古自治区、四川省、山西省等。

发生地点：内蒙古自治区呼和浩特市和林格尔县。

危害部位：叶部、叶柄部、茎部、荚果。

发生面积：3 300 亩。

（7）田旋花白粉病。

症状特征：发病初期在叶上生有不规则的白色小粉斑，与之相对应的叶背面则失绿变为黄白色，后小粉斑逐渐扩大可至全叶表面布满白色粉层，后期白色粉层中生出许多黑褐色小粒点，即病原菌的闭囊壳。在叶片的正面、背面均可生出白粉层，发病前期正面多，后期叶背面则逐渐增多。受害叶柄、茎均可生出长条状不规则白粉斑。

病原：双叉旋花白粉菌（*Erysiphe convolvuli*），属子囊菌门、核菌纲、白粉菌目、白粉菌属的真菌。子囊壳扁球形，黑褐色，聚生。附属丝 15～47 根，互相缠绕，呈双叉状分枝 1～3 次，黄色至浅褐色。有 4～7 个子囊，卵形或不规则，有短柄或无。子囊孢子 3～4 个，卵形。

寄主：田旋花。

草地类：温性山地草甸类草原。

分布范围：全国各地均有分布。

发生地点：内蒙古自治区呼和浩特市和林格尔县。

危害部位：叶部、叶柄部、茎部。

发生面积：2 300 亩。

（8）苦荬菜白粉病。

症状特征：发病叶片初生疏密不等的白色粉斑，后白色粉斑相互融合，叶片表面覆满白粉，终至叶片枯黄，失去食用价值。后期在白色粉层上着生黑褐色小点，为有性生殖阶段形成的闭囊壳。

病原：菊科白粉菌（*Erysiphe cichoracearum*），属子囊菌门、核菌纲、白粉菌目、白粉菌属的真菌。闭囊壳近圆球形，暗褐色；附属丝较多，菌丝状；子囊6～21个，卵形或短椭圆形；子囊孢子2～3个，椭圆形。

寄主：苦荬菜。

草地类：温性山地草甸类草原。

分布范围：陕西省、内蒙古自治区、江苏省、浙江省、福建省、安徽省、台湾省、江西省、湖南省、广东省、广西壮族自治区、贵州省、四川省、云南省等。

发生地点：内蒙古自治区呼和浩特市清水河县、回民区。

危害部位：叶部。

发生面积：2 300亩。

（9）草木樨状黄芪白粉病。

症状特征：植株地上部分均可受害，但以老叶受害较重。叶片表面先形成白色粉状斑。病斑扩大，相互汇合，以致全叶布满白粉。随后，病斑上出现黄色、黄褐色至黑色小点状颗粒，即病原菌的不同发育阶段的闭囊壳。

病原：子囊菌门、核菌纲、白粉菌目、白粉菌属（*Erysiphe*）的真菌。闭囊壳近球形、棕褐色，附属丝比较硬，淡褐色、菌丝状；每个闭囊壳内含子囊多个，子囊卵形或长椭圆形；子囊孢子2～6个，椭圆形或卵形。

寄主型：草木樨状黄芪。

草地类：温性山地草甸类草原。

分布范围：东北、华北地区和长江流域各省。

发生地点：内蒙古自治区呼和浩特市和林格尔县。

危害部位：叶部、茎部、花梗、荚果。

发生面积：2 880亩。

（10）羊草叶斑病。

症状特征：叶片上呈长椭圆形病斑，长可达8～10 mm，灰褐色，边缘不明显；外围常呈枯草黄色。在枯黄的叶片上，因分生孢子器的显露使病斑呈灰黑色。初期出现顺着叶脉的黄褐色条纹，在叶片两面的条纹上均生黑褐色点。

病原：属半知菌门、丝孢纲、丝孢目、链格孢属、链格孢霉菌（*Alternaria* sp.）。链格孢霉的不育菌丝匍匐，分隔，分生孢子梗成簇。大多数不分枝，较短，与营养菌丝几乎无区别。分生孢子倒棒状，顶端延长成喙状，淡褐色，有壁砖状分隔，暗褐色，常数个成链。

寄主：羊草。

草地类：温性山地草甸类草原。

分布范围：内蒙古自治区、甘肃省、青海省、宁夏回族自治区、西藏自治区等。

发生地点：内蒙古自治区呼和浩特市回民区、玉泉区、和林格尔县、赛罕区、托克托县、武川县、清水河县、土默特左旗。

危害部位：叶部。

发生面积：6 700 亩。

（11）委陵菜锈病。

症状特征：叶片上常见呈橘红色粉末状的锈孢子堆，后期呈黑色圆状，散生或集生于叶片、花、果实背面，大小为 0.2～0.5 mm，褥状。夏孢子一开始生于委陵菜叶片的最外皮层下，后在叶片的正面分散生长，为黄色的小点，微凸，圆形或多边形。冬孢子堆在叶片的背面生长，圆形或者多边形，颜色为黑褐色，周围常有细丝。

病原：多胞锈菌（*Phragmidium*），属担子菌门、冬孢菌纲、锈菌目、柄锈菌科的真菌。单主寄生，锈孢子器生于叶片的两面，橘黄色；夏孢子堆着生于叶背面，小，有侧丝；夏孢子球形、近球形、倒卵形或椭圆形，壁上有疣状刺。冬孢子堆黑色；冬孢子长圆柱形，有 3～5 个分隔，壁光滑，榄褐色至赤褐色，柄长可达孢子长的 2 倍以上，近无色。

寄主：委陵菜。

草地类：温性山地草甸类草原。

分布范围：山东省、辽宁省、安徽省、河北省、河南省、内蒙古自治区、湖北省、江苏省、广西壮族自治区、福建省等。

发生地点：内蒙古自治区呼和浩特市回民区、武川县、赛罕区。

危害部位：叶部、花、果实。

发生面积：6 000 亩。

（12）铁线莲锈病。

症状特征：主要危害植物的叶片、枝干等部位。植物被感染的地方会出现明显的黄色至深褐色的粉堆、宛状物或毛状物。发病初期叶面会出现淡黄色斑点，产生黄褐色隆起的小病状物。

病原：病原为担子菌门、锈菌目、柄锈菌科的铁线莲生柄锈菌（*Puccinia clematidicola*）。夏孢子堆叶背散生，近圆形，粉状，破皮外露，橘黄色或淡黄色；夏孢子多为近圆形或宽椭圆形，孢子表面有网纹区，疣突高，具有一层环纹，顶端有粗齿状凸起，底部为分离纤丝形成的底座。

寄主：铁线莲。

草地类：温性山地草甸类草原。

分布范围：广西壮族自治区、广东省、湖南省、江西省、内蒙古自治区等。

发生地点：内蒙古自治区呼和浩特市玉泉区。

危害部位：叶部、枝干。

发生面积：3 300 亩。

（二）普查结果质量保证

为顺利完成呼和浩特市林业和草原局的普查工作，呼和浩特市林业和草原局成立了以呼和浩特市林业和草原局局长为组长、分管局长为副组长、呼和浩特市林业和草原保护中心主任及相关单位负责人为成员的普查领导小组，由呼和浩特市林业和草原保护中心业务骨干及内蒙古农业大学人员组成了普查专家组。为了更好地开展普查工作，与各个基层负责人员进行沟通合作。根据普查的实际情况，询问当地牧民有害生物的发生发展状况，进行更有效的普查。

呼和浩特市林业和草原局普查督导组多次到现场督导普查工作，并进行现场技术指导，明确了普查方向与重点工作。领导高度重视，严格要求，严密部署，真抓实干，及时跟进，加大督导检查力度，并将普查工作纳入年度目标管理考核中。同时，呼和浩特市林业和草原局将草原有害生物普查工作与日常管理工作同安排、同部署，在普查的关键期，组建普查督导组深入一线开展普查督导工作，抽查普查点，检查各项普查工作的完成情况，对普查工作的组织与管理、普查的物资设备准备情况、技术人员培训情况、普查进度及质量、普查经费的使用与管理、普查成果的汇总统计情况等进行全面检查，对标本采集情况、调查表格填写情况进行抽查和指导。通过听取汇报、现场调研、成果展览等多种形式对普查情况进行摸底，及时纠正普查盲点、弱点，弥补普查漏洞，从而提高了普查质量，加快了普查进度，保证了按照上级要求完成普查任务。

呼和浩特市林业和草原保护中心主任负责每月按要求按时完成月报告上报工作，呼和浩特市林业和草原局领导多次到现场核查普查工作进展情况，并进行现场技术指导，明确普查方向，确定普查重点。呼和浩特市林业和草原局普查领导小组也深入实验室进行内业工作审核和工作进度的推进，使得草原普查工作按计划顺利进行。

五、数据分析

（一）总体分析

根据草原有害生物普查数据，结合历年来监测调查数据分析，呼和浩特市构成危害的草原有害生物主要为鳞翅目昆虫、草原蝗虫和毒害草。

（二）重点种类分析

1. 达乌尔黄鼠

（1）发生情况。

①分布格局。

国内分布：黑龙江省、吉林省、内蒙古自治区、河北省、山东省、山西省、陕西省、青海省、宁夏回族自治区、甘肃省等。

国外分布：蒙古国东部、俄罗斯贝加尔区域。

辖区内分布：呼和浩特市武川县、托克托县、赛罕区、玉泉区、清水河县、土默特左旗、新城区。

②发生程度。

达乌尔黄鼠危害严重区域为清水河县；危害较严重区域为武川县、托克托县、土默特左旗、新城区、玉泉区。该鼠在天气晴朗、温度适宜时活动量较多，而在阴雨天则活动量减少。警惕性高，多疑，听觉、视觉和嗅觉都非常灵敏，并且记忆力强，对其活动范围内的洞穴位置记得很清楚。防治时期较难掌握，防治效果一直不佳，需改进防控措施。

（2）趋势分析。

①发生特点。

呼和浩特市达乌尔黄鼠灾害以中度发生为主，局部地区危害较重。

根据呼和浩特市各发生灾害地区草原有害生物发生规律、普查数据和近年来监测调查数据，结合气象以及往年各区域草原生物灾害发生和防治情况等综合因素分析，达乌尔黄鼠总体发生趋势较平稳。

②扩散形势。

通过近年来的监测和草原有害生物普查数据分析，呼和浩特市达乌尔黄鼠灾害目前处于较平稳状态，未出现明显扩散趋势，但由于达乌尔黄鼠警惕性高，难以捕捉，也存在一定的扩散风险。

（3）风险评估。

达乌尔黄鼠寿命一般为 2～3 年。以植物性食物为主，主要吃农田作物、牧草的绿色部分及种子，秋季也常捕食昆虫、青蛙和小型鼠类等。

①潜在的经济危害性。

达乌尔黄鼠以植物性食物为主。春季出蛰后以蒿类的根茎为食。在农区主要吃农作物的幼苗、瓜果、蔬菜、杂草和作物种子。达乌尔黄鼠是中国北部地区的重要害鼠之一，也是鼠疫、沙门菌病、巴斯德菌病、布鲁菌病、土拉伦菌、森林脑炎、钩端螺旋体病等病原的携带者。

②寄主植物的经济重要性。

达乌尔黄鼠主要危害瓜果、蔬菜等农作物，瓜果、蔬菜对人类具有重要的经济价值，是人类粮食和牲畜饲料的主要来源。

③鼠害传播扩散的可能性。

达乌尔黄鼠营白天活动，但夜间偶尔也出洞觅食。活动规律有季节性变化，随季节的不同，每日到地面活动的时间也不同，通常 4～5 月中旬，日活动最频时间为 12：00～15：00；6～8 月，9：00～11：00、16：00～18：00 为两个活动高峰。同时，达乌尔黄鼠日活动与气候有关，气温上升到 20～25 ℃，地面温度在 30 ℃时最活跃。气温高于 30 ℃，地面温度高于 35 ℃；气温和地面温度低于 10 ℃，风速大于 5 m/s；阴、雨天活动明显减少。其活动范围随生态期的改变而有所不同。刚出蛰时大部分鼠健壮，只有少数老、幼鼠极度消瘦。活动不敏捷，除休息外，还进行少量的取食活动。进入交配期时，活动范围加大，有时跑到距洞 300～500 m 处。

④有害生物管理难度。

达乌尔黄鼠对外界不良环境抵抗能力强，且在适生范围内繁殖快，但及时防治相对较易。

根据以上各方面评估情况和有害生物风险分析（pest risk analysis，PRA）指标体系，对达乌尔黄鼠的各项指标赋分。达乌尔黄鼠风险评估表见表 2.1。

表 2.1　达乌尔黄鼠风险评估表

P*i*	权重	P*ij*	评判标准	赋分区间	得分
分布情况 P1	等权	评估区域分布情况 P11	有害生物分布面积占寄主（含潜在寄主）面积的 5%～20%	1.01～2.00	1.45
潜在危害性 P2	0.4	潜在的经济危害性 P21	若传入可能造成危害程度≥20%	2.01～3.00	2.45
	0.4	非经济潜在危害 P22	潜在环境、生态、社会影响大	2.01～3.00	2.35
	0.2	官方重视程度 P23	曾被列入我国危险性有害生物名单	0.01～1.00	0.50
受害寄主经济重要性 P3	等权	受害寄主的种类 P31	寄主植物＞10 种	2.01～3.00	2.50
		受害寄主的分布面积或产量 P32	分布面积广或产量大	2.01～3.00	2.70
		受害寄主特殊的经济价值 P33	经济价值和社会影响都一般	1.01～2.00	1.50
传入、定殖和扩散的可能性 P4	等权	被截获的可能 P41	寄主植物、产品调运和携带有害生物可能性都小	0.01～1.00	0.50
		运输过程中的存活率 P42	存活率＜10%	0.01～1.00	0.70
		有害生物的适生性 P43	繁殖能力和抗逆性均强	2.01～3.00	2.20
		自然扩散能力 P44	随介体携带扩散能力或自身扩散能力一般	1.01～2.00	1.50
		国内适生范围 P45	≥50%的地区能够适生	2.01～3.00	2.50
危险性管理难度 P5	等权	检疫识别的难度 P51	当场识别非常可靠，简便快速，一般技术人员就可掌握	0.01～1.00	0.50
		除害处理的难度 P52	常规方法的除害效率为 50%～100%	0.01～1.00	0.50
		根除的难度 P53	效果好、成本低、简便易行	1.01～2.00	1.50
合计	1				23.35

有害生物风险综合评价值（R）利用表 2.1 中一级（Pi）和二级（Pij）指标，采用下列公式计算，即

P1=1.45

P2=(0.4P21+0.4P22+0.2P23)=2.02

P3=max(P31, P32, P33)=2.70

$P4=(P41\times P42\times P43\times P44\times P45)^{1/5}=1.236$

P5=(P51+P52+P53)/3=0.833

有害生物风险综合评价 R 值分为下列四级：

2.5～3.0　　　　特别危险

2.0～2.5　　　　高度危险

1.5～2.0　　　　中度危险

1.0～1.5　　　　低度危险

$R=(P1\times P2\times P3\times P4\times P5)^{1/5}=1.521$

达乌尔黄鼠的风险综合评价 R 值为 1.521，属于中度危险种类。

⑤结论。

达乌尔黄鼠是中国北部地区的重要害鼠之一，需要进行对达乌尔黄鼠的监测，并采取适当的防治措施，防范突发成灾。

（4）对策建议。

达乌尔黄鼠作为重要害鼠之一，它们的存在可能对农作物产生严重影响。

①化学防治法：一般使用的饵料为玉米、大麦等，配制好的毒饵在使用前需要进行投喂实验，以检验毒饵的杀灭效果。投饵方法可以为人工法，也可以为机械法。

②物理防治法：利用捕鼠器械可以有效控制鼠害，器材制作简单、使用效果好。

③农业防治：及时清除田间的杂草和残留物，保持田地的整洁和通风，以减少达乌尔黄鼠的栖息地。

④草原上鼠类的天敌较多，一般为鹰类和狐狸，利用这一特性可以人工搭建鹰巢，给鹰类提供适宜休息和觅食的环境，招鹰灭鼠，效果较好；还可以养狐灭鼠，利用草原生态系统食物链中鼠类的天敌进行灭鼠，可以有效地达到控制鼠害的目的。

⑤生物制剂应用：利用防治达乌尔黄鼠的生物制剂——雷公藤甲素饵剂，它是一种植物源性药剂，具有杀灭和抗生育的双重作用。有研究表明，使用雷公藤甲素饵剂可以使达乌尔黄鼠的鼠密度下降，使雄鼠的生殖能力下降，同时雌鼠的繁殖率也明显下降，并且在该药物使用的过程中没有发生二次中毒和人畜中毒等现象。在草原大面积灭鼠时可以直接投入，操作简单。

2. 短星翅蝗

（1）发生情况。

①分布格局。

国内分布：东北、华北、华东、华中、华南等地区。

国外分布：朝鲜等国。

辖区内分布：呼和浩特市和林格尔县、赛罕区、回民区、武川县、托克托县、清水河县、新城区、玉泉区。

②发生程度。

短星翅蝗危害较重区域为武川县，密度为 6～10 头/m^2。短星翅蝗适生范围广，寄主种类丰富，飞翔能力较弱，没有远距离迁移的能力，但是跳跃能力较强，大多数以爬行为主，也具备迁移的危害。防治时期较难掌握，防治效果一直不佳，需改进防控措施。

（2）趋势分析。

①发生特点。

呼和浩特市短星翅蝗灾害以轻度发生为主，局部地区危害较重。

根据呼和浩特市草原有害生物发生规律、普查数据和近年来监测调查数据，结合气象以及往年各区域草原生物灾害发生和防治情况等综合因素分析，短星翅蝗总体发生趋势较平稳。草原主要预防区域为武川县，重点是哈乐镇、大青山乡山地草甸草原区域。

②扩散形势。

通过近年来的监测和草原有害生物普查数据分析，呼和浩特市短星翅蝗灾害目前处于较平稳状态，未出现明显扩散趋势，但由于短星翅蝗跳跃能力强，也存在一定的扩散风险；重点风险防范区域为武川县山地草甸草原区域。

（3）风险评估。

短星翅蝗一年发生 1～2 代，以卵在土中过冬。此虫为杂食性，馋食豆类及禾本科植物。

①潜在的经济危害性。

常在地面上活动，以艾蒿、冷蒿、委陵菜等杂类草为食，对某些农作物也造成一定危害，使其产量逐年下降，造成极大的经济损失。

②寄主植物的经济重要性。

禾本科植物包含了许多重要的粮食作物，具有重要的经济价值，是人类粮食和牲畜饲料的主要来源，也是加工淀粉、制糖、酿酒、造纸和建筑方面的重要原料。

③害虫传播扩散的可能性。

短星翅蝗飞翔能力较弱，没有远距离的迁移，但是跳跃能力较强，大多数以爬行为主，也具备迁移的危害。

④有害生物管理难度。

短星翅蝗适生范围广，寄主种类丰富，潜在危害程度大。

短星翅蝗风险评估表见表 2.2。

表 2.2　短星翅蝗风险评估表

P*i*	权重	P*ij*	评判标准	赋分区间	得分
分布情况 P1	等权	评估区域分布情况 P11	有害生物分布面积占寄主（含潜在寄主）面积的 5%～20%	1.01～2.00	1.66
潜在危害性 P2	0.4	潜在的经济危害性 P21	若传入可能造成危害程度≥20%	2.01～3.00	2.50
	0.4	非经济潜在危害 P22	潜在环境、生态、社会影响大	2.01～3.00	2.20
	0.2	官方重视程度 P23	曾被列入我国危险性有害生物名单	0.01～1.00	0.50
受害寄主经济重要性 P3	等权	受害寄主的种类 P31	寄主植物＞10 种	2.01～3.00	2.50
		受害寄主的分布面积或产量 P32	分布面积广或产量大	2.01～3.00	2.50
		受害寄主特殊的经济价值 P33	经济价值和社会影响都一般	1.01～2.00	1.50
传入、定殖和扩散的可能性 P4	等权	被截获的可能 P41	寄主植物、产品调运和携带有害生物可能性都小	0.01～1.00	0.50
		运输过程中的存活率 P42	存活率＜10%	0.01～1.00	0.60
		有害生物的适生性 P43	繁殖能力和抗逆性均强	2.01～3.00	2.40
		自然扩散能力 P44	随介体携带扩散能力或自身扩散能力一般	1.01～2.00	1.50
		国内适生范围 P45	≥50%的地区能够适生	2.01～3.00	2.50
危险性管理难度 P5	等权	检疫识别的难度 P51	当场识别非常可靠，简便快速，一般技术人员就可掌握	0.01～1.00	0.50
		除害处理的难度 P52	常规方法的除害效率为 50%～100%	0.01～1.00	0.50
		根除的难度　P53	效果好、成本低、简便易行	1.01～2.00	1.50
合计	1				23.36

根据以上各方面评估情况和 PRA 指标体系，对短星翅蝗的各项指标赋分。

有害生物风险综合评价值（*R*）利用表 2.2 中一级（P*i*）和二级（P*ij*）指标，采用下列公式计算，即

P1=1.66

P2=(0.4P21+0.4P22+0.2P23)=1.98

P3=max(P31, P32, P33)=2.50

$P4=(P41\times P42\times P43\times P44\times P45)^{1/5}=1.220$

P5=(P51+P52+P53)/3=0.833

有害生物风险综合评价 *R* 值分为下列四级：

2.5～3.0　特别危险

2.0～2.5　高度危险

1.5～2.0　中度危险

1.0～1.5　低度危险

$R=(P1\times P2\times P3\times P4\times P5)^{1/5}=1.529$

短星翅蝗的风险综合评价 *R* 值为 1.529，属于中度危险种类。

⑤结论。

短星翅蝗是食叶害虫，在内蒙古呼和浩特市属于潜在危险性有害生物，需要加强监测，防范突发成灾。

（4）对策建议。

短星翅蝗是一种农业害虫，它们的存在可能对农作物产生严重影响。

①生物防治：利用天敌和寄生虫来控制蝗虫的数量。例如，可以引入捕食性昆虫和蝗虫的天敌，如蜻蜓、瓢虫和鸟类等，来控制蝗虫的数量。

②化学防治：选择合适的农药，并按照使用说明进行喷洒或施药。使用农药时要遵循安全操作规程，并注意保护环境和人类健康。

③农业防治：及时清除田间的杂草和残留物，保持田地的整洁和通风，以减少蝗虫的栖息地。

④物理防治：可以使用捕捉器、粘虫板、灯光陷阱等设备来吸引和捕捉蝗虫。

⑤预警监测：建立蝗虫监测系统，及时掌握蝗虫的分布和数量，以便采取及时的防治措施。通过使用无人机、遥感技术和传感器等高科技手段，可以提高监测的准确性和效率。

3. 亚洲小车蝗

（1）发生情况。

①分布格局。

国内分布：内蒙古自治区、宁夏回族自治区、甘肃省、青海省、河北省、陕西省、山东省等。

辖区内分布：呼和浩特市和林格尔县、赛罕区、玉泉区、武川县、托克托县、清水河县、回民区、土默特左旗、新城区。

②发生程度。

亚洲小车蝗危害较重区域为和林格尔县、赛罕区、武川县，密度为 4～6 头/m^2。究其原因是该区域草原地处偏僻，且蝗虫以中晚期种亚洲小车蝗为主，迁飞能力较强，防治时期较难掌握，防治效果一直不佳，需改进防控措施。

（2）趋势分析。

①发生特点。

呼和浩特市亚洲小车蝗灾害以轻度发生为主，局部地区危害较重。

根据呼和浩特市草原有害生物发生规律、普查数据和近年来监测调查数据，结合气象以及往年各区域草原生物灾害发生和防治情况等综合因素分析，亚洲小车蝗总体发生趋势较平稳。重点预防区域为和林格尔县、赛罕区、武川县。

②扩散形势。

通过近年来的监测和草原有害生物普查数据分析，呼和浩特市亚洲小车蝗灾害目前处于较平稳状态，未出现明显扩散趋势，但由于亚洲小车蝗迁飞能力强，因此存在一定的扩散风险；重点风险防范区域为黄合少镇一带。

（3）风险评估。

亚洲小车蝗一年发生 1 代，卵在土中进行越冬。主要危害禾本科植物，在草原以羊草、针茅、冰草、苔草等为食，同时对玉米、小麦等农作物也产生危害。

①潜在的经济危害性。

亚洲小车蝗为近年来草原蝗虫灾害的主要害虫，危害面积大，使草原生态遭到破坏，严重发生时，会导致牧草及作物减产甚至绝收。

②寄主植物的经济重要性。

禾本科植物包含了许多重要的粮食作物，具有重要的经济价值，是人类粮食和牲畜饲料的主要来源，也是加工淀粉、制糖、酿酒、造纸、编织和建筑方面的重要原料。

③害虫传播扩散的可能性。

亚洲小车蝗具有远距离迁飞的能力，拥有迁飞性昆虫的特征，且聚集与扩散能力也较强，具有明显的向热性、趋光性，会向灯光强的地方进行大规模聚集，在多数地区都具备适生能力。

④有害生物管理难度。

亚洲小车蝗因为适生范围广、适应能力强，容易在新的地区定殖扩散。

根据以上各方面评估情况和 PRA 指标体系，对亚洲小车蝗的各项指标赋分。

亚洲小车蝗风险评估表见表 2.3。

表 2.3　亚洲小车蝗风险评估表

P*i*	权重	P*ij*	评判标准	赋分区间	得分
分布情况 P1	等权	评估区域分布情况 P11	有害生物分布面积占寄主（含潜在寄主）面积的 5%～20%	1.01～2.00	1.56
潜在危害性 P2	0.4	潜在的经济危害性 P21	若传入可能造成危害程度≥20%	2.01～3.00	2.40
	0.4	非经济潜在危害 P22	潜在环境、生态、社会影响大	2.01～3.00	2.30
	0.2	官方重视程度 P23	曾被列入我国危险性有害生物名单	0.01～1.00	0.50
受害寄主经济重要性 P3	等权	受害寄主的种类 P31	寄主植物＞10 种	2.01～3.00	2.50
		受害寄主的分布面积或产量 P32	分布面积广或产量大	2.01～3.00	2.50
		受害寄主特殊的经济价值 P33	经济价值和社会影响都一般	1.01～2.00	1.50
传入、定殖和扩散的可能性 P4	等权	被截获的可能 P41	寄主植物、产品调运和携带有害生物可能性都小	0.01～1.00	0.50
		运输过程中的存活率 P42	存活率＜10%	0.01～1.00	0.70
		有害生物的适生性 P43	繁殖能力和抗逆性均强	2.01～3.00	2.40
		自然扩散能力 P44	随介体携带扩散能力或自身扩散能力一般	1.01～2.00	1.50
		国内适生范围 P45	≥50%的地区能够适生	2.01～3.00	2.50
危险性管理难度 P5	等权	检疫识别的难度 P51	当场识别非常可靠，简便快速，一般技术人员就可掌握	0.01～1.00	0.50
		除害处理的难度 P52	常规方法的除害效率为 50%～100%	0.01～1.00	0.50
		根除的难度 P53	效果好、成本低、简便易行	1.01～2.00	1.50
合计	1				23.36

有害生物风险综合评价值（*R*）利用表 2.3 中一级（P*i*）和二级（P*ij*）指标，采用下列公式计算，即

P1=1.56

P2=(0.4P21+0.4P22+0.2P23)=1.98

P3=max(P31, P32, P33)=2.50

$P4=(P41 \times P42 \times P43 \times P44 \times P45)^{1/5}=1.258$

$P5=(P51+P52+P53)/3=0.833$

有害生物风险综合评价 R 值分为下列四级：

2.5～3.0 特别危险

2.0～2.5 高度危险

1.5～2.0 中度危险

1.0～1.5 低度危险

$R=(P1 \times P2 \times P3 \times P4 \times P5)^{1/5}=1.519$

亚洲小车蝗的风险综合评价 R 值为 1.519，属于中度危险种类。

⑤结论。

亚洲小车蝗是食叶害虫，在内蒙古呼和浩特市属于潜在危险性有害生物，需要加强监测，防范突发成灾。

（4）对策建议。

亚洲小车蝗是一种常见的农业害虫，会对农作物造成严重的破坏。

①生物防治：利用天敌和寄生虫来控制亚洲小车蝗的数量。例如，可以引入捕食性昆虫和蝗虫的天敌，如蜻蜓、瓢虫和鸟类等，来控制蝗虫的数量。

②化学防治：使用农药来控制亚洲小车蝗的数量。选择合适的农药，并按照使用说明进行喷洒或施药。使用农药时要遵循安全操作规程，并注意保护环境和人类健康。

③农业防治：采取一些农业管理措施来减少亚洲小车蝗的滋生和繁殖。例如，及时清除田间的杂草和残留物，保持田地的整洁和通风，以减少蝗虫的栖息地。

④物理防治：使用物理方法来控制亚洲小车蝗的数量。例如，可以使用捕捉器、粘虫板、灯光陷阱等设备来吸引和捕捉蝗虫。

⑤预警监测：建立蝗虫监测系统，及时掌握蝗虫的分布和数量，以便采取及时的防治措施。通过使用无人机、遥感技术和传感器等高科技手段，可以提高监测的准确性和效率。

4. 红翅皱膝蝗

（1）发生情况。

①分布格局。

国内分布：内蒙古自治区、甘肃省、青海省、陕西省、山西省、河北省、黑龙江省等。

国外分布：蒙古国。

辖区内分布：呼和浩特市和林格尔县、玉泉区、回民区、武川县、托克托县、赛罕区、清水河县。

②发生程度。

红翅皱膝蝗危害较重区域为武川县，密度为4～6头/m^2。红翅皱膝蝗适生范围广，寄主种类丰富，具有远距离迁飞的能力，拥有迁飞性昆虫的特征，在多数地区都具备适生能力，具备迁移的危害。防治时期较难掌握，防治效果一直不佳，需改进防控措施。

（2）趋势分析。

①发生特点。

呼和浩特市红翅皱膝蝗灾害以轻度发生为主，局部地区危害较重。

根据呼和浩特市草原有害生物发生规律、普查数据和近年来监测调查数据，结合气象以及往年各区域草原生物灾害发生和防治情况等综合因素分析，红翅皱膝蝗总体发生趋势较平稳。草原重点预防区域为武川县、和林格尔县。

②扩散形势。

通过近年来的监测和草原有害生物普查数据分析，呼和浩特市红翅皱膝蝗灾害目前处于较平稳状态，未出现明显扩散趋势，但由于红翅皱膝蝗具有远距离迁飞的能力，因此存在扩散风险；重点风险防范区域为武川县山地草甸草原区域。

（3）风险评估。

红翅皱膝蝗是斑翅蝗科、皱膝蝗属的一种蝗虫。一年发生1代，以卵在土中越冬。喜食纤维素含量低的菊科、蔷薇科和百合科等阔叶草植物，亦取食禾本科牧草。

①潜在的经济危害性。

多分布在高山草原、山地草原和荒漠草原，主要为害菊科、禾本科牧草。草原生态遭到破坏，严重时会导致牧草及作物减产甚至绝收。

②寄主植物的经济重要性。

禾本科植物包含了许多重要的粮食作物，具有重要的经济价值，是人类粮食和牲畜饲料的主要来源，也是加工淀粉、酿酒、造纸、编织和建筑方面的重要原料。

③害虫传播扩散的可能性。

红翅皱膝蝗具有远距离迁飞的能力，拥有迁飞性昆虫的特征，在多数地区都具备适生能力。

④有害生物管理难度。

红翅皱膝蝗的适生范围较广、适应能力强，容易在新的地区定殖扩散。

根据以上各方面评估情况和PRA指标体系，对红翅皱膝蝗的各项指标赋分。

红翅皱膝蝗风险评估表见表2.4。

表 2.4 红翅皱膝蝗风险评估表

P*i*	权重	P*ij*	评判标准	赋分区间	得分
分布情况 P1	等权	评估区域分布情况 P11	有害生物分布面积占寄主（含潜在寄主）面积的 5%～20%	1.01～2.00	1.69
潜在危害性 P2	0.4	潜在的经济危害性 P21	若传入可能造成危害程度≥20%	2.01～3.00	2.30
	0.4	非经济潜在危害 P22	潜在环境、生态、社会影响大	2.01～3.00	2.30
	0.2	官方重视程度 P23	曾被列入我国危险性有害生物名单	0.01～1.00	0.50
受害寄主经济重要性 P3	等权	受害寄主的种类 P31	寄主植物＞10 种	2.01～3.00	2.50
		受害寄主的分布面积或产量 P32	分布面积广或产量大	2.01～3.00	2.50
		受害寄主特殊的经济价值 P33	经济价值和社会影响都一般	1.01～2.00	1.50
传入、定殖和扩散的可能性 P4	等权	被截获的可能 P41	寄主植物、产品调运和携带有害生物可能性都小	0.01～1.00	0.50
		运输过程中的存活率 P42	存活率＜10%	0.01～1.00	0.70
		有害生物的适生性 P43	繁殖能力和抗逆性均强	2.01～3.00	2.20
		自然扩散能力 P44	随介体携带扩散能力或自身扩散能力一般	1.01～2.00	1.50
		国内适生范围 P45	≥50%的地区能够适生	2.01～3.00	2.50
危险性管理难度 P5	等权	检疫识别的难度 P51	当场识别非常可靠，简便快速，一般技术人员就可掌握	0.01～1.00	0.50
		除害处理的难度 P52	常规方法的除害效率为 50%～100%	0.01～1.00	0.50
		根除的难度 P53	效果好、成本低、简便易行	1.01～2.00	1.50
合计	1				23.19

有害生物风险综合评价值（*R*）利用表 2.4 中一级（P*i*）和二级（P*ij*）指标，采用下列公式计算，即

P1=1.69

P2=(0.4P21+0.4P22+0.2P23)=1.94

P3=max(P31, P32, P33)=2.50

$P4=(P41 \times P42 \times P43 \times P44 \times P45)^{1/5}=1.236$

$P5=(P51+P52+P53)/3=0.833$

有害生物风险综合评价 R 值分为下列四级：

2.5～3.0	特别危险
2.0～2.5	高度危险
1.5～2.0	中度危险
1.0～1.5	低度危险

$R=(P1 \times P2 \times P3 \times P4 \times P5)^{1/5}=1.532$

红翅皱膝蝗的风险综合评价 R 值为 1.532，属于中度危险种类。

⑤结论。

红翅皱膝蝗是食叶害虫，在内蒙古呼和浩特市属于潜在危险性有害生物，需要加强监测，防范突发成灾。

（4）对策建议。

为了控制红翅皱膝蝗的数量并保护农作物，可以采取以下对策。

①农业管理：采取适当的农业管理措施，如轮作、间作和覆盖作物，可以减少蝗虫的栖息地和食物来源。

②生物防治：引入天敌，如捕食性昆虫和鸟类，来控制红翅皱膝蝗的数量。这些天敌可以帮助减少蝗虫的种群，从而降低对农作物的损害。

③化学防治：使用昆虫杀虫剂可以减少红翅皱膝蝗的数量。然而，使用化学药剂应谨慎，并且要遵循正确的使用方法和安全操作规程。

④物理控制：在农田周围建立物理屏障，如围栏或护栏，可以阻止红翅皱膝蝗进入农作物生长区域。此外，使用粘虫板和灯光陷阱也是一种有效的物理控制方式。

⑤监测和早期预警：及早发现红翅皱膝蝗的存在和增加，可以采取及时的防治措施。定期巡视农田，观察农作物和周围环境，以及专业机构的监测报告，可以提供及时的预警信息。

5. 中华剑角蝗

（1）发生情况。

①分布格局。

国内分布：黑龙江省、北京市、河北省、内蒙古自治区、海南省、贵州省、浙江省、四川省、云南省等。

国外分布：日本、东南亚和印度尼西亚。

辖区内分布：呼和浩特市和林格尔县、赛罕区、回民区、武川县、托克托县、清水河县、玉泉区、土默特左旗、新城区。

②发生程度。

中华剑角蝗危害较重区域为武川县，密度为 6～10 头/m^2。中华剑角蝗适生范围广，寄主种类丰富，在食料充足的情况下一般不迁移，以植栖为主，当寄主被吃光后，向其他寄主迁移。防治时期较难掌握，防治效果一直不佳，需改进防控措施。

（2）趋势分析。

①发生特点。

呼和浩特市中华剑角蝗灾害以中度发生为主，局部地区危害较重。

根据呼和浩特市草原有害生物发生规律、普查数据和近年来监测调查数据，结合气象以及往年各区域草原生物灾害发生和防治情况等综合因素分析，中华剑角蝗总体发生趋势较平稳。草原主要预防区域为武川县，重点是哈乐镇、大青山乡山地草甸草原区域。

②扩散形势。

通过近年来的监测和草原有害生物普查数据分析，呼和浩特市中华剑角蝗灾害目前处于较平稳状态，未出现明显扩散趋势。

（3）风险评估。

中华剑角蝗是剑角蝗科、剑角蝗属昆虫。除危害葡萄、枣、苹果、茶外，还危害杨、柳、榆、泡桐及水稻、玉米、谷子、棉花、草坪草等植物。成虫、若虫蚕食葡萄叶片和嫩茎，严重时可将叶片吃光。

①潜在的经济危害性。

中华剑角蝗主要为害禾本科植物及杂草，喜食谷子、玉米、高粱、小麦、狗尾草、芦苇、獐毛等，也取食豆类、白菜、萝卜、甘薯等。常将叶片咬成缺刻或孔洞，严重时将叶片吃光，影响作物生长发育，降低农作物的商品价值。

②寄主植物的经济重要性。

禾本科植物包含了许多重要的粮食作物，具有重要的经济价值。

③害虫传播扩散的可能性。

中华剑角蝗在食料充足的情况下一般不迁移，以植栖为主，当寄主被吃光后，向其他寄主迁移，成虫不作远距离迁飞，有趋光性。

④有害生物管理难度。

中华剑角蝗适应性较强，地势高燥的地方发生轻，地势低洼的地方发生重。特别是沟埂、河坝附近密度最大。

根据以上各方面评估情况和 PRA 指标体系，对中华剑角蝗的各项指标赋分。

中华剑角蝗风险评估表见表 2.5。

表 2.5　中华剑角蝗风险评估表

P*i*	权重	P*ij*	评判标准	赋分区间	得分
分布情况 P1	等权	评估区域分布情况 P11	有害生物分布面积占寄主（含潜在寄主）面积的 5%～20%	1.01～2.00	1.5
潜在危害性 P2	0.4	潜在的经济危害性 P21	若传入可能造成危害程度≥20%	2.01～3.00	2.5
	0.4	非经济潜在危害 P22	潜在环境、生态、社会影响大	2.01～3.00	2.5
	0.2	官方重视程度 P23	曾被列入我国危险性有害生物名单	0.01～1.00	0.1
受害寄主经济重要性 P3	等权	受害寄主的种类 P31	寄主植物＞10 种	2.01～3.00	2.5
		受害寄主的分布面积或产量 P32	分布面积广或产量大	2.01～3.00	1.5
		受害寄主特殊的经济价值 P33	经济价值和社会影响都一般	1.01～2.00	0.5
传入、定殖和扩散的可能性 P4	等权	被截获的可能 P41	寄主植物、产品调运和携带有害生物可能性都小	0.01～1.00	0.5
		运输过程中的存活率 P42	存活率＜10%	0.01～1.00	2.5
		有害生物的适生性 P43	繁殖能力和抗逆性均强	2.01～3.00	1.5
		自然扩散能力 P44	随介体携带扩散能力或自身扩散能力一般	1.01～2.00	2.5
		国内适生范围 P45	≥50%的地区能够适生	2.01～3.00	0.5
危险性管理难度 P5	等权	检疫识别的难度 P51	当场识别非常可靠，简便快速，一般技术人员就可掌握	0.01～1.00	0.5
		除害处理的难度 P52	常规方法的除害效率为 50%～100%	0.01～1.00	1.5
		根除的难度 P53	效果好、成本低、简便易行	1.01～2.00	1.5
合计	1				22.1

有害生物风险综合评价值（*R*）利用表 2.5 中一级（P*i*）和二级（P*ij*）指标，采用下列公式计算，即

P1=2.50

P2=(0.4P21+0.4P22+0.2P23)=2.00

P3=max(P31, P32, P33)=2.50

$P4=(P41\times P42\times P43\times P44\times P45)^{1/5}=1.216$

P5=(P51+P52+P53)/3=1.167

有害生物风险综合评价 R 值分为下列四级：

2.5～3.0 特别危险

2.0～2.5 高度危险

1.5～2.0 中度危险

1.0～1.5 低度危险

$R=(P1\times P2\times P3\times P4\times P5)^{1/5}=1.777$

中华剑角蝗的风险综合评价 R 值为 1.777，属于中度危险种类。

⑤结论。

中华剑角蝗是食叶害虫，在内蒙古呼和浩特市属于潜在危险性有害生物，需要加强监测，防范突发成灾。

（4）对策建议。

中华剑角蝗是一种农业害虫，它们的存在可能对农作物产生严重影响。

①农业管理：采取适当的农业管理措施，如深度耕作，以减少蝗虫的栖息地和食物来源。此外，定期清理田间杂草，以阻断蝗虫的迁移和繁殖。

②轮作和间作：合理实施轮作和间作，将不同的农作物按照一定的次序进行种植，有助于破坏中华剑角蝗的生命周期，减少虫害的发生。

③选择抗性品种：选择对中华剑角蝗具有抗性或耐受性的农作物品种进行种植，减少受害程度。

④生物防治：引入适当的天敌，如捕食性昆虫、鸟类和蝗虫的寄生性昆虫，来控制中华剑角蝗的数量。这些天敌能够帮助减少蝗虫的种群，从而降低对农作物的损害。

⑤精确喷药：在使用化学药剂进行防治时，应注意选择合适的农药，并遵循正确的使用方法和剂量，喷药时应精确喷洒在受害区域，避免对环境造成不必要的污染。

⑥监测和预警：建立有效的蝗虫监测系统，定期巡视田间，观察农作物和周围环境的变化，并密切关注专业机构的监测报告。及时发现中华剑角蝗的存在和增加，可以采取相应的防治措施。

6. 亚洲小车蝗

（1）发生情况。

①分布格局。

国内分布：内蒙古自治区、宁夏回族自治区、甘肃省、青海省、河北省、陕西省、山东省等。

国外分布：朝鲜、日本。

辖区内分布：呼和浩特市和林格尔县、赛罕区、玉泉区、武川县、托克托县、清水河县、回民区、土默特左旗、新城区。

②发生程度。

亚洲小车蝗危害较重区域为武川县、和林格尔县、托克托县，密度为1～3头/m^2。究其原因是这些区域地处偏僻，且蝗虫种类以中晚期种亚洲小车蝗为主，迁飞能力较强，防治时期较难掌握，防治效果一直不佳，需改进防控措施。

（2）趋势分析。

亚洲小车蝗危害最重区域为武川县，密度为4～6头/m^2。

①发生特点。

呼和浩特市亚洲小车蝗灾害以轻度发生为主，局部地区中度危害。

根据呼和浩特市草原有害生物发生规律、普查数据和近年来监测调查数据，结合气象以及往年各区域草原生物灾害发生和防治情况等综合因素分析，亚洲小车蝗总体发生趋势较平稳。

②扩散形势。

通过近年来的监测和草原有害生物普查数据分析，呼和浩特市亚洲小车蝗灾害未出现明显扩散趋势，但由于亚洲小车蝗具有扩散迁移的习性，龄期越大，迁移、扩散能力越强，存在扩散风险；重点风险防范区域为武川县山地草甸草原区域。

（3）风险评估。

亚洲小车蝗是斑翅蝗科，小车蝗属的一种动物。一年发生1代，以卵在土中过冬。亚洲小车蝗为杂食性害虫，喜食禾本科作物及杂草，最喜欢取食谷子、玉米幼苗及狗尾草、牛肋草、马唐、野麦苗等杂草的幼苗。

①潜在的经济危害性。

亚洲小车蝗在春季孵化出土后，就地取食或迁移到附近作物田内为害；夏季转移到玉米、谷子、高粱等禾本科作物田间，栖息为害；秋季作物成熟，转移到麦田，为害麦苗。危害严重时可将麦苗吃光,造成缺苗断垄，甚至不得不毁种重播。白天在杂草和作物上部活动、为害，夜间多在杂草丛中及作物植株下部栖息。

②寄主植物的经济重要性。

禾本科植物包含了许多重要的粮食作物。谷子、玉米是人类粮食和牲畜饲料的主要来源，还有一些植物是加工淀粉、制糖、酿酒、造纸、编织和建筑方面的重要原料。

③害虫传播扩散的可能性。

亚洲小车蝗喜分布于阳光充足，地块干燥，覆盖度较小的地方。成虫具飞行能力，一般一次飞行10 m左右。扩散迁飞的主要原因是寻找食料和人类活动的影响。

④有害生物管理难度。

亚洲小车蝗适生范围广、适应能力强，容易在新的地区定殖扩散。

根据以上各方面评估情况和PRA指标体系，对亚洲小车蝗的各项指标赋分。

亚洲小车蝗风险评估表见表2.6。

表 2.6 亚洲小车蝗风险评估表

Pi	权重	Pij	评判标准	赋分区间	得分
分布情况 P1	等权	评估区域分布情况 P11	有害生物分布面积占寄主（含潜在寄主）面积的 5%～20%	1.01～2.00	1.56
潜在危害性 P2	0.4	潜在的经济危害性 P21	若传入可能造成危害程度≥20%	2.01～3.00	2.40
	0.4	非经济潜在危害 P22	潜在环境、生态、社会影响大	2.01～3.00	2.30
	0.2	官方重视程度 P23	曾被列入我国危险性有害生物名单	0.01～1.00	0.50
受害寄主经济重要性 P3	等权	受害寄主的种类 P31	寄主植物＞10 种	2.01～3.00	2.50
		受害寄主的分布面积或产量 P32	分布面积广或产量大	2.01～3.00	2.50
		受害寄主特殊的经济价值 P33	经济价值和社会影响都一般	1.01～2.00	1.50
传入、定殖和扩散的可能性 P4	等权	被截获的可能 P41	寄主植物、产品调运和携带有害生物可能性都小	0.01～1.00	0.50
		运输过程中的存活率 P42	存活率＜10%	0.01～1.00	0.70
		有害生物的适生性 P43	繁殖能力和抗逆性均强	2.01～3.00	2.40
		自然扩散能力 P44	随介体携带扩散能力或自身扩散能力一般	1.01～2.00	1.50
		国内适生范围 P45	≥50%的地区能够适生	2.01～3.00	2.50
危险性管理难度 P5	等权	检疫识别的难度 P51	当场识别非常可靠，简便快速，一般技术人员就可掌握	0.01～1.00	0.50
		除害处理的难度 P52	常规方法的除害效率为 50%～100%	0.01～1.00	0.50
		根除的难度 P53	效果好、成本低、简便易行	1.01～2.00	1.50
合计	1				23.36

有害生物风险综合评价值（R）利用表 2.6 中一级（Pi）和二级（Pij）指标，采用下列公式计算，即

P1=1.56

P2=(0.4P21+0.4P22+0.2P23)=1.98

P3=max(P31,P32,P33)=2.50

$P4=(P41\times P42\times P43\times P44\times P45)^{1/5}=1.258$

P5=(P51+P52+P53)/3=0.833

有害生物风险综合评价 *R* 值分为下列四级：

2.5～3.0　　　特别危险

2.0～2.5　　　高度危险

1.5～2.0　　　中度危险

1.0～1.5　　　低度危险

$R=(P1\times P2\times P3\times P4\times P5)^{1/5}=1.519$

亚洲小车蝗的风险综合评价 *R* 值为 1.519，属于中度危险种类。

⑤结论。

亚洲小车蝗是食叶害虫，在内蒙古呼和浩特市属于潜在危险性有害生物，需要加强监测，防范突发成灾。

（4）对策建议。

亚洲小车蝗是一种常见的农作物害虫，主要危害玉米、谷子、高粱等禾本科作物。以下是一些防治亚洲小车蝗的建议。

①物理控制：在农田周围建立物理屏障，如围栏或护栏，可以阻止亚洲小车蝗进入农作物生长区域。此外，使用粘虫板和灯光陷阱也是一种有效的物理控制方式。

②合理灌溉：合理的灌溉可以使农田土壤保持湿润，减少蝗虫的栖息地。因为亚洲小车蝗更喜欢干燥的环境，所以保持适度的湿度可以减少它们的数量和活跃度。

③多样化种植：通过种植多样化农作物，可以降低亚洲小车蝗的食物来源并减少其数量。蝗虫对不同种类的植物有不同程度的吸引力，适当的种植组合可以减少它们的危害。

④收割和清除：及时收割成熟的农作物，以及清除田间的残留植物和废弃物，可以减少亚洲小车蝗的栖息和繁殖场所。这样可以阻断它们的生命周期，控制其种群增长。

⑤条件限制：了解亚洲小车蝗的生命周期和发展条件，针对其繁殖和孵化的关键环节，采取相应的限制措施，如控制土壤湿度、土壤肥力和气温等因素，从而减少它们的繁殖和存活率。

7. 斑缘豆粉蝶

（1）发生情况。

①分布格局。

国内分布：东北、华北、华中地区及新疆维吾尔自治区、西藏自治区、江苏省、浙江省、福建省、云南省等。

国外分布：奥地利、保加利亚、克罗地亚、捷克、德国、希腊、匈牙利、摩尔多瓦、北马其顿、罗马尼亚、俄罗斯、塞尔维亚、斯洛伐克、斯洛文尼亚、土耳其、乌克兰、朝鲜、韩国。

辖区内分布：呼和浩特市和林格尔县、赛罕区、玉泉区、托克托县、回民区、武川县、清水河县。

②发生程度。

斑缘豆粉蝶危害较重区域为武川县，虫口密度为 1～2 头/m^2。

（2）趋势分析。

①发生特点。

呼和浩特市斑缘豆粉蝶灾害以轻度发生为主。

根据呼和浩特市草原有害生物发生规律、普查数据和近年来监测调查数据，结合气象，局部地区中度危害以及往年各区域草原生物灾害发生和防治情况等综合因素分析，斑缘豆粉蝶总体发生趋势较平稳。

②扩散形势。

斑缘豆粉蝶的重点预防区域为武川县、和林格尔县、清水河县。

（3）风险评估。

斑缘豆粉蝶栖息在亚洲温带山脉海拔约 2 500 m 的草原和田野、牧场上，在中国长白山脉分布区域海拔为 100～2 400 m。与其他豆粉蝶属蝴蝶一样，斑缘豆粉蝶也会长时间休息，在岩石和裸露的地面上晒太阳。

①潜在的经济危害性。

寄主为豆科植物，幼虫啃食叶肉，将叶片食成孔洞，严重时可将叶片全部吃光，仅残留叶柄。

②寄主植物的经济重要性。

豆科植物具有重要的经济价值，是淀粉、蛋白质、油和蔬菜等食品的重要来源之一。营养价值高，富含丰富的蛋白质。豆科植物的根瘤具有固氮作用，是优良的绿肥和饲料作物。

③害虫传播扩散的可能性。

根据调查，斑缘豆粉蝶成虫和幼虫具有迁移扩散的能力，人为传播主要是携带幼虫远距离迁移。

④有害生物管理难度。

斑缘豆粉蝶对外界不良环境抵抗力强，且在适生范围内繁殖快，传播迅速，但及时防治相对较易。

根据以上各方面评估情况和 PRA 指标体系，对斑缘豆粉蝶的各项指标赋分。

斑缘豆粉蝶风险评估表见表 2.7。

表 2.7　斑缘豆粉蝶风险评估表

P*i*	权重	P*ij*	评判标准	赋分区间	得分
分布情况 P1	等权	评估区域分布情况 P11	有害生物分布面积占寄主（含潜在寄主）面积的 5%～20%	1.01～2.00	1.50
潜在危害性 P2	0.4	潜在的经济危害性 P21	若传入可能造成危害程度≥20%	2.01～3.00	2.45
	0.4	非经济潜在危害 P22	潜在环境、生态、社会影响大	2.01～3.00	2.50
	0.2	官方重视程度 P23	曾被列入我国危险性有害生物名单	0.01～1.00	0.50
受害寄主经济重要性 P3	等权	受害寄主的种类 P31	寄主植物＞10 种	2.01～3.00	2.50
		受害寄主的分布面积或产量 P32	分布面积广或产量大	2.01～3.00	2.50
		受害寄主特殊的经济价值 P33	经济价值和社会影响都一般	1.01～2.00	1.50
传入、定殖和扩散的可能性 P4	等权	被截获的可能 P41	寄主植物、产品调运和携带有害生物可能性都小	0.01～1.00	0.50
		运输过程中的存活率 P42	存活率＜10%	0.01～1.00	0.70
		有害生物的适生性 P43	繁殖能力和抗逆性均强	2.01～3.00	2.20
		自然扩散能力 P44	随介体携带扩散能力或自身扩散能力一般	1.01～2.00	1.50
		国内适生范围 P45	≥50%的地区能够适生	2.01～3.00	2.50
危险性管理难度 P5	等权	检疫识别的难度 P51	当场识别非常可靠，简便快速，一般技术人员就可掌握	0.01～1.00	0.50
		除害处理的难度 P52	常规方法的除害效率为 50%～100%	0.01～1.00	0.50
		根除的难度 P53	效果好、成本低、简便易行	1.01～2.00	1.50
合计	1				23.35

有害生物风险综合评价值（*R*）利用表 2.7 中一级（P*i*）和二级（P*ij*）指标，采用下列公式计算，即

P1=1.50

P2=(0.4P21+0.4P22+0.2P23)=2.08

P3=max(P31, P32, P33)=2.50

$P4=(P41\times P42\times P43\times P44\times P45)^{1/5}=1.236$

$P5=(P51+P52+P53)/3=0.833$

有害生物风险综合评价 R 值分为下列四级：

2.5～3.0 特别危险

2.0～2.5 高度危险

1.5～2.0 中度危险

1.0～1.5 低度危险

$R=(P1\times P2\times P3\times P4\times P5)^{1/5}=1.517$

斑缘豆粉蝶的风险综合评价 R 值为 1.517，属于中度危险种类。

⑤结论。

斑缘豆粉蝶是食叶害虫，在内蒙古呼和浩特市属于潜在危险性有害生物，需要加强监测，防范突发成灾。

（4）对策建议。

斑缘豆粉蝶是一种常见的害虫，它主要侵害豆类植物，以下是一些对策措施。

①生物防治：引入天敌昆虫来控制斑缘豆粉蝶数量。例如，一些寄生性黄蜂和捕食性昆虫（如瓢虫和小蜂）能够帮助控制斑缘豆粉蝶的数量。

②轮作和间作：通过种植不同种类的植物，在生长季节的不同时间和地点减少斑缘豆粉蝶的栖息地和食物来源，从而抑制其繁殖和扩散。

③过滤网和覆盖物：为豆类植物搭建过滤网或设置覆盖物，以阻止斑缘豆粉蝶和其他害虫进入。这有助于保护植物免受害虫的侵害。

④物理控制：手动捕捉成虫和幼虫，并将它们放置在肥皂水中淹死。检查豆类植物叶片的背面，清除或破坏发现的斑缘豆粉蝶的卵和幼虫。

⑤农药使用：如果其他措施无法控制斑缘豆粉蝶的数量，可考虑使用合适的农药，并遵循正确的使用方法和剂量。在使用农药时，务必遵循安全操作指南，并注意避免对环境、人类和非目标生物产生不良影响。

8. 绿芫菁

（1）发生情况。

①分布格局。

国内分布：北京市、内蒙古自治区、黑龙江省、辽宁省、吉林省、河北省、浙江省等。

国外分布：朝鲜、日本、马来西亚、印度尼西亚。

辖区内分布：呼和浩特市和林格尔县、赛罕区、玉泉区、回民区、武川县、托克托县、清水河县。

②发生程度。

绿芫菁危害较重区域为武川县、赛罕区、和林格尔县、清水河县，虫口密度为 6～10 头/m^2。绿芫菁适生范围广，适应能力极强，主要危害禾本科植物，总体防治较难，需改进防控措施。

（2）趋势分析。

①发生特点。

呼和浩特市绿芫菁灾害以重度发生为主。

根据呼和浩特市草原有害生物发生规律、普查数据和近年来监测调查数据，结合气象以及往年各区域草原生物灾害发生和防治情况等综合因素分析，绿芫菁总体发生趋势较平稳。

②扩散形势。

通过近年来的监测和草原有害生物普查数据分析，呼和浩特市绿芫菁未出现明显扩散趋势，但由于绿芫菁分布范围广、适应能力强，也存在一定的扩散风险；重点风险防范区域为武川县、赛罕区、和林格尔县、清水河县山地草甸草原区域。

（3）风险评估。

绿芫菁以麦类、水稻、棉花、大豆、胡麻、高粱、玉米等为食。

①潜在的经济危害性。

绿芫菁以麦类、水稻等为食，造成极大的经济损失。

②寄主植物的经济重要性。

禾本科植物包含了许多重要的粮食作物，具有重要的经济价值，是人类粮食和牲畜饲料的主要来源，也是加工淀粉、制糖、酿酒、造纸、编织和建筑方面的重要原料。成虫取食花或叶子，会对农业生产造成一定的影响。大部分幼虫寄生于蜂巢，会给养蜂业带来极大不利，多被养蜂人员视为重要的害虫。少数种类的幼虫取食蝗卵，可抑制蝗灾爆发。

③害虫传播扩散的可能性。

绿芫菁适应能力极强，不同海拔、不同生境均有分布，且发生期从 3 月至 11 月不等，发生期与寄主植物的花期及蜂的生活习性密切相关。

④有害生物管理难度。

绿芫菁分布范围广、适应能力强，总体防治较难。

根据以上各方面评估情况和 PRA 指标体系，对绿芫菁的各项指标赋分。

绿芫菁风险评估表见表 2.8。

表 2.8　绿芫菁风险评估表

P*i*	权重	P*ij*	评判标准	赋分区间	得分
分布情况　P1	等权	评估区域分布情况 P11	有害生物分布面积占寄主（含潜在寄主）面积的 5%～20%	1.01～2.00	1.77
潜在危害性 P2	0.4	潜在的经济危害性 P21	若传入可能造成危害程度≥20%	2.01～3.00	2.30
	0.4	非经济潜在危害 P22	潜在环境、生态、社会影响大	2.01～3.00	2.30
	0.2	官方重视程度 P23	曾被列入我国危险性有害生物名单	0.01～1.00	0.50
受害寄主经济重要性 P3	等权	受害寄主的种类 P31	寄主植物>10 种	2.01～3.00	2.50
		受害寄主的分布面积或产量 P32	分布面积广或产量大	2.01～3.00	2.50
		受害寄主特殊的经济价值 P33	经济价值和社会影响都一般	1.01～2.00	1.50
传入、定殖和扩散的可能性 P4	等权	被截获的可能 P41	寄主植物、产品调运和携带有害生物可能性都小	0.01～1.00	0.50
		运输过程中的存活率 P42	存活率<10%	0.01～1.00	0.70
		有害生物的适生性 P43	繁殖能力和抗逆性均强	2.01～3.00	2.20
		自然扩散能力 P44	随介体携带扩散能力或自身扩散能力一般	1.01～2.00	1.50
		国内适生范围 P45	≥50%的地区能够适生	2.01～3.00	2.50
危险性管理难度 P5	等权	检疫识别的难度 P51	当场识别非常可靠，简便快速，一般技术人员就可掌握	0.01～1.00	0.50
		除害处理的难度 P52	常规方法的除害效率为 50%～100%	0.01～1.00	0.50
		根除的难度 P53	效果好、成本低、简便易行	1.01～2.00	1.50
合计		1			23.27

有害生物风险综合评价值（R）利用表2.8中一级（Pi）和二级（Pij）指标，采用下列公式计算，即

P1=1.77

P2=(0.4P21+0.4P22+0.2P23)=1.94

P3=max(P31, P32, P33)=2.50

P4=$(P41\times P42\times P43\times P44\times P45)^{1/5}$=1.236

P5=(P51+P52+P53)/3=0.833

有害生物风险综合评价 R 值分为下列四级：

2.5～3.0　　特别危险

2.0～2.5　　高度危险

1.5～2.0　　中度危险

1.0～1.5　　低度危险

$R=(P1\times P2\times P3\times P4\times P5)^{1/5}=1.546$

绿芫菁的风险综合评价 R 值为1.546，属于中度危险种类。

⑤结论。

绿芫菁是食叶害虫，在内蒙古呼和浩特市属于潜在危险性有害生物，需要加强监测，防范突发成灾。

（4）对策建议。

绿芫菁是一种对禾本科植物造成严重危害的害虫。以下是绿芫菁的防治措施。

①生物防治：利用天敌或益虫来控制绿芫菁数量。例如，引入捕食性昆虫（如瓢虫、寄生蜂等）以及植物性杀虫菌等来控制绿芫菁的繁殖和传播。

②机械防治：手工或物理方法消除绿芫菁，如摘除受害的叶子、拍打叶子使绿芫菁脱落、使用粘虫板或灯光陷阱等。

③化学防治：使用合适的农药或化学杀虫剂进行防治。在选择和使用化学药剂时，要遵循正确的剂量和使用方法，并遵守相关的安全指导。

④农艺措施：通过调整种植环境和种植管理来减少绿芫菁的滋生和扩散。例如，轮作种植、间作种植、适时修剪病虫害部位、保持土壤湿润等。

9. 苹斑芫菁

（1）发生情况。

①分布格局。

国内分布：湖北省、江苏省、山东省、河北省、内蒙古自治区、新疆维吾尔自治区、黑龙江省等。

国外分布：蒙古国、朝鲜、韩国、阿富汗、伊朗、伊拉克、沙特阿拉伯、也门、叙利

亚、黎巴嫩、以色列、土耳其、俄罗斯、乌克兰、乌兹别克斯坦、哈萨克斯坦、格鲁吉亚、阿塞拜疆、吉尔吉斯斯坦、塔吉克斯坦、土库曼斯坦、亚美尼亚等国。

辖区内分布：呼和浩特市和林格尔县、武川县、托克托县、清水河县、赛罕区、玉泉区、回民区。

②发生程度。

苹斑芫菁危害重区域为武川县、和林格尔县、清水河县，危害较重区域为托克托县、玉泉区、回民区、赛罕区，虫口密度为 2～5 头/m^2。在适生范围内繁殖快、传播迅速，主要危害禾本科植物。总体防治较难，需改进防控措施。

（2）趋势分析。

①发生特点。

呼和浩特市苹斑芫菁灾害以重度发生为主。

根据呼和浩特市草原有害生物发生规律、普查数据和近年来监测调查数据，结合气象以及往年各区域草原生物灾害发生和防治情况等综合因素分析，苹斑芫菁总体发生趋势较平稳。

②扩散形势。

通过近年来的监测和草原有害生物普查数据分析，苹斑芫菁对外界不良环境抵抗能力强，也存在一定的扩散风险；重点风险防范区域为武川县、和林格尔县、清水河县山地草甸草原区域。

（3）风险评估。

苹斑芫菁在北方一年生 1 代，南方一年生 2 代。以前蛹期在土中越冬，北方翌年 5 月中旬羽化，7 月中旬为盛发期。危害作物为棉花等。

①潜在的经济危害性。

主要危害禾本科植物。

②寄主植物的经济重要性。

禾本科植物包含了许多重要的粮食作物，具有重要的经济价值。

③害虫传播扩散的可能性。

爬行能力强，飞行能力强，繁殖能力强。

④有害生物管理难度。

苹斑芫菁对外界不良环境抵抗能力强，且在适生范围内繁殖快、传播迅速，但及时防治相对较易。

根据以上各方面评估情况和 PRA 指标体系，对苹斑芫菁的各项指标赋分。

苹斑芫菁风险评估表见表 2.9。

表 2.9　苹斑芫菁风险评估表

P*i*	权重	P*ij*	评判标准	赋分区间	得分
分布情况 P1	等权	评估区域分布情况 P11	有害生物分布面积占寄主（含潜在寄主）面积的 5%～20%	1.01～2.00	2.00
潜在危害性 P2	0.4	潜在的经济危害性 P21	若传入可能造成危害程度≥20%	2.01～3.00	2.90
	0.4	非经济潜在危害 P22	潜在环境、生态、社会影响大	2.01～3.00	2.90
	0.2	官方重视程度 P23	曾被列入我国危险性有害生物名单	0.01～1.00	0.50
受害寄主经济重要性 P3	等权	受害寄主的种类 P31	寄主植物＞10 种	2.01～3.00	2.90
		受害寄主的分布面积或产量 P32	分布面积广或产量大	2.01～3.00	2.85
		受害寄主特殊的经济价值 P33	经济价值和社会影响都一般	1.01～2.00	1.01
传入、定殖和扩散的可能性 P4	等权	被截获的可能 P41	寄主植物、产品调运和携带有害生物可能性都小	0.01～1.00	0.03
		运输过程中的存活率 P42	存活率＜10%	0.01～1.00	0.90
		有害生物的适生性 P43	繁殖能力和抗逆性均强	2.01～3.00	2.50
		自然扩散能力 P44	随介体携带扩散能力或自身扩散能力一般	1.01～2.00	1.10
		国内适生范围 P45	≥50%的地区能够适生	2.01～3.00	2.50
危险性管理难度 P5	等权	检疫识别的难度 P51	当场识别非常可靠，简便快速，一般技术人员就可掌握	0.01～1.00	0.50
		除害处理的难度 P52	常规方法的除害效率为 50%～100%	0.01～1.00	0.70
		根除的难度 P53	效果好、成本低、简便易行	1.01～2.00	2.00
合计	1				25.29

有害生物风险综合评价值（*R*）利用表 2.9 中一级（P*i*）和二级（P*ij*）指标，采用下列公式计算，即

P1=2.00

P2=(0.4P21+0.4P22+0.2P23)=2.42

P3=max(P31, P32, P33)=2.90

$P4=(P41 \times P42 \times P43 \times P44 \times P45)^{1/5}=0.714$

$P5=(P51+P52+P53)/3=1.067$

有害生物风险综合评价 R 值分为下列四级：

2.5～3.0　　　特别危险

2.0～2.5　　　高度危险

1.5～2.0　　　中度危险

1.0～1.5　　　低度危险

$R=(P1 \times P2 \times P3 \times P4 \times P5)^{1/5}=1.606$

苹斑芫菁的风险综合评价 *R* 值为 1.606，属于中度危险种类。

⑤结论。

需要加强对苹斑芫菁的监测，并采取适当的防治措施，防范突发成灾。

（4）对策建议。

苹斑芫菁是一种对禾本科植物造成严重危害的害虫。苹斑芫菁的防治措施如下。

①生物防治：利用天敌或益虫来控制苹斑芫菁数量。例如，引入捕食性昆虫（如瓢虫、寄生蜂等）以及植物性杀虫菌等来控制苹斑芫菁的繁殖和传播。

②机械防治：手工或物理方法消除苹斑芫菁，如摘除受害的叶子、拍打叶子使苹斑芫菁脱落、使用粘虫板或灯光陷阱等。

③化学防治：使用合适的农药或化学杀虫剂进行防治。在选择和使用化学药剂时，要遵循正确的剂量和使用方法，并遵守相关的安全指导。

④农艺措施：通过调整种植环境和种植管理来减少苹斑芫菁的滋生和扩散。例如，轮作种植、间作种植、适时修剪病虫害部位、保持土壤湿润等。

10. 黑足黑守瓜

（1）发生情况。

①分布格局。

国内分布：陕西省、山东省、江苏省、河北省、黑龙江省、内蒙古自治区、甘肃省等。

国外分布：日本、越南、印度。

辖区内分布：呼和浩特市托克托县、赛罕区、和林格尔县、清水河县、玉泉区、回民区、武川县。

②发生程度。

黑足黑守瓜危害较重区域为呼和浩特市，危害严重区域为武川县，虫口密度为 1～2 头/m^2。该虫适生范围广，寄主种类丰富，飞翔能力较弱，没有远距离迁移的能力，大多数以爬行为主，也具备迁移的危害。防治时期较难掌握，防治效果一直不佳，需改进防控措施。

（2）趋势分析。

①发生特点。

呼和浩特市黑足黑守瓜灾害以中度发生为主。

根据呼和浩特市草原有害生物发生规律、普查数据和近年来监测调查数据，结合气象以及往年各区域草原生物灾害发生和防治情况等综合因素分析，黑足黑守瓜总体发生趋势较平稳。

②扩散形势。

通过近年来的监测和草原有害生物普查数据分析，呼和浩特市黑足黑守瓜灾害未出现明显扩散趋势，但也存在一定的扩散风险。重点预防区域为和林格尔县、托克托县、清水河县、赛罕区、回民区、玉泉区，严重预防区域为武川县山地草甸草原区域。

（3）风险评估。

黑足黑守瓜一年生1～2代，以成虫在避风、向阳的土缝或石缝及树皮缝中越冬。

①潜在的经济危害性。

成虫取食瓜叶、茎、花及瓜条，幼虫食害瓜苗根部，严重时造成全株死亡。

②寄主植物的经济重要性。

黑足黑守瓜主要危害瓜蒌、苦瓜、丝瓜、黄瓜、南瓜、冬瓜、罗汉果等植物，这些植物具有重要的经济价值。

③害虫传播扩散的可能性。

黑足黑守瓜大多数以爬行为主，不会主动飞行。

④有害生物管理难度。

黑足黑守瓜对外界不良环境抵抗能力强，且在适生范围内繁殖快、传播迅速，但及时防治相对较易。

根据以上各方面评估情况和PRA指标体系，对黑足黑守瓜的各项指标赋分。

黑足黑守瓜风险评估表见表2.10。

表 2.10　黑足黑守瓜风险评估表

P*i*	权重	P*ij*	评判标准	赋分区间	得分
分布情况 P1	等权	评估区域分布情况 P11	有害生物分布面积占寄主（含潜在寄主）面积的 5%～20%	1.01～2.00	1.85
潜在危害性 P2	0.4	潜在的经济危害性 P21	若传入可能造成危害程度≥20%	2.01～3.00	2.45
	0.4	非经济潜在危害 P22	潜在环境、生态、社会影响大	2.01～3.00	2.35
	0.2	官方重视程度 P23	曾被列入我国危险性有害生物名单	0.01～1.00	0.50
受害寄主经济重要性 P3	等权	受害寄主的种类 P31	寄主植物＞10 种	2.01～3.00	2.50
		受害寄主的分布面积或产量 P32	分布面积广或产量大	2.01～3.00	2.70
		受害寄主特殊的经济价值 P33	经济价值和社会影响都一般	1.01～2.00	1.50
传入、定殖和扩散的可能性 P4	等权	被截获的可能 P41	寄主植物、产品调运和携带有害生物可能性都小	0.01～1.00	0.50
		运输过程中的存活率 P42	存活率＜10%	0.01～1.00	0.70
		有害生物的适生性 P43	繁殖能力和抗逆性均强	2.01～3.00	2.20
		自然扩散能力 P44	随介体携带扩散能力或自身扩散能力一般	1.01～2.00	1.50
		国内适生范围 P45	≥50%的地区能够适生	2.01～3.00	2.50
危险性管理难度 P5	等权	检疫识别的难度 P51	当场识别非常可靠，简便快速，一般技术人员就可掌握	0.01～1.00	0.50
		除害处理的难度 P52	常规方法的除害效率为 50%～100%	0.01～1.00	0.50
		根除的难度 P53	效果好、成本低、简便易行	1.01～2.00	1.50
合计		1			23.75

有害生物风险综合评价值（*R*）利用表 2.10 中一级（P*i*）和二级（P*ij*）指标，采用下列公式计算，即

P1=1.85

P2=(0.4P21+0.4P22+0.2P23)=2.02

P3=max(P31, P32, P33)=2.70

$P4=(P41\times P42\times P43\times P44\times P45)^{1/5}=1.236$

P5=(P51+P52+P53)/3=0.833

有害生物风险综合评价 *R* 值分为下列四级：

2.5～3.0	特别危险
2.0～2.5	高度危险
1.5～2.0	中度危险
1.0～1.5	低度危险

$R=(P1\times P2\times P3\times P4\times P5)^{1/5}=1.597$

黑足黑守瓜的风险综合评价 *R* 值为 1.597，属于中度危险种类。

⑤结论。

黑足黑守瓜是一种风险中等的害虫，需要对其进行监测，并采取适当的防治措施，防范突发成灾。

（4）对策建议。

①推广和应用生物防治方法：可以使用天敌昆虫，如瓢虫、苍蝇等进行生物防治。这种方法对环境友好，不会对人体和农作物产生副作用。

②化学防治：在成虫产卵期单用或混用草木灰、石灰粉、锯末或 2%巴丹粉剂，每 667 m^2 2 kg 撒在瓜根附近土面或瓜叶上，防止成虫产卵和为害。

③适当的农业管理：适时修剪树木，减少黑足黑守瓜的栖息地。另外，还可以通过定期检查和清理落叶，抑制黑足黑守瓜的繁殖。

④使用性诱剂：黑足黑守瓜的性诱剂可以用来吸引和捕获成虫，从而控制其数量。

11. 欧亚蓝刺头

（1）发生情况。

①分布格局。

国内分布：新疆维吾尔自治区、内蒙古自治区、宁夏回族自治区、陕西省、山西省、山东省等。

国外分布：英国、法国、德国、意大利等国。

辖区内分布：呼和浩特市赛罕区、和林格尔县、武川县、清水河县、新城区。

②发生程度。

欧亚蓝刺头危害较重区域为武川县、和林格尔县、清水河县，密度为 4～6 株/m^2。欧亚蓝刺头适应范围广，可以在不同类型的土壤和环境条件下生长繁殖，这使得其在多种生境中都能够扩散和定殖，增加了其管理的复杂性。

（2）趋势分析。

①发生特点。

呼和浩特市欧亚蓝刺头灾害以中度发生为主。

根据呼和浩特市草原有害生物发生规律、普查数据和近年来监测调查数据，结合气象以及往年各区域草原生物灾害发生和防治情况等综合因素分析，欧亚蓝刺头总体发生趋势较平稳。

②扩散形势。

通过近年来的监测和草原有害生物普查数据分析，欧亚蓝刺头的种子可以通过风力、水流、动物散布等多种途径扩散到其他地方。这使得控制其种子扩散变得具有挑战性，特别是在大范围的生态系统中存在一定的扩散风险；重点风险防范区域为武川县、和林格尔县、清水河县。

（3）风险评估。

欧亚蓝刺头为多年生草本，高 50～150 cm。茎单生，上部分枝长或短，粗壮，全部茎枝被稠密的多细胞长节毛和稀疏的蛛丝状薄毛。基部和下部茎叶全形宽披针形，长 15～25 cm，宽 5～10 cm，羽状半裂，侧裂片 3～5 对，三角形或披针形，边缘刺齿，顶端针刺状渐尖，向上叶渐小，与基生叶及下部茎叶同形并等样分裂。全部叶质地薄，纸质，两面异色，上面绿色，被稠密短糙毛，下面灰白色，被薄蛛丝状绵毛，但沿中脉有多细胞长节毛。花果期 8～9 月。

①潜在的经济危害性。

欧亚蓝刺头的快速生长、扩散能力可能对本地植物的生长和生态系统造成一定影响。

②毒害草传播扩散的可能性。

种子可以通过风力、水流或附着在动物身上传播到其他地方。

③有害生物管理难度。

欧亚蓝刺头主要通过种子传播，扩散能力强，破坏原有生态环境。

根据以上各方面评估情况，采用层次分析法（AHP）建立层次结构模型，构建比较矩阵，计算层次指标的权重值。各个指标的权重用算术平均法计算。

欧亚蓝刺头风险评估表见表 2.11。有害生物风险等级表见表 2.12。

表 2.11　欧亚蓝刺头风险评估表

一级指标	二级指标	三级指标	评估标准	赋分	得分
1 传入风险 9%	1.1 传入途径 6%	传入可能性 6%	有意引入	6	2
			无意引入	4	
			自然扩散	2	
	1.2 引入途径管理现状 3%	中华人民共和国植物检疫性有害生物名录 3%	列入	3	0
			未列入	0	

续表 2.11

一级指标	二级指标	三级指标	评估标准	赋分	得分
2 定殖风险 26%	2.1 适应性 9%	气候适应能力 3%	适应力强	3	3
			适应力弱	1	
		土壤环境适应能力 3%	适应力强	3	3
			适应力弱	1	
		逆境生境生存能力 3%	强	3	3
			弱	1	
	2.2 生物学特性 17%	繁殖能力 5%	强	5	5
			弱	2	
		繁殖方式 5%	两者皆有	5	5
			有性繁殖	3	
			无性繁殖	3	
		繁殖周期 5%	小于 1 年	5	5
			大于 1 年	3	
		生活型 2%	1、2 年生草本	2	1
			多年生草本	1	
3 扩散风险 15%	3.1 扩散方式 10%	是否以风力传播 4%	是	4	4
			否	0	
		是否以水力传播 2%	是	2	2
			否	0	
		是否以动物携带传播 2%	是	2	2
			否	0	
		是否以人类及运输媒介传播 2%	是	2	2
			否	0	
	3.2 分布情况 5%	分布范围 5%	6 个以上盟市	5	3
			3～6 个盟市	3	
			少于 3 个盟市	1	

续表 2.11

一级指标	二级指标	三级指标	评估标准	赋分	得分
4 危害与影响 41%	4.1 对生物多样性的影响 19%	资源竞争能力 7%	强	7	7
			弱	3	
		抑制作用 5%	产生抑制作用	5	0
			不产生抑制作用	0	
		能否高密度占领生境 3%	能	3	3
			不能	0	
		毒性或带刺 1%	具毒性或带刺	1	1
			不具毒性且不带刺	0	
		是否能形成单一种群 3%	能形成	3	3
			不能形成	0	
	4.2 对生态的影响 8%	对生态系统过程的影响 4%	产生影响	4	4
			不产生影响	0	
		对生态环境因子的影响 4%	产生影响	4	4
			不产生影响	0	
	4.3 对经济的影响 10%	对农业的影响 5%	产生严重影响	5	3
			产生影响但不严重	3	
			不产生影响	0	
		对牧业的影响 5%	产生严重影响	5	3
			产生影响但不严重	3	
			不产生影响	0	
	4.4 其他影响 4%	对人畜健康的影响 4%	有害	4	4
			无害	0	

续表 2.11

一级指标	二级指标	三级指标	评估标准	赋分	得分
5 防治可能性 9%	5.1 防治方法及难度 6%	防治方法 3%	防治方法单一	3	1
			具有多种防治方法	1	
		防治难度 3%	难度大	3	1
			难度中	2	
			难度小	1	
	5.2 防治成本及效果 3%	投入成本 2%	高	2	1
			低	1	
		防治效果 1%	防治效果一般	1	0
			防治效果显著	0	
合计					75

表 2.12　有害生物风险等级表

风险等级	风险程度	综合风险值	管理策略
Ⅰ级	高风险	$R \geqslant 65$	应随时管控，对其及时控制防除
Ⅱ级	中风险	$65 > R \geqslant 35$	进行一定管控，防止造成伤害
Ⅲ级	低风险	$35 > R$	定期进行监控，防止大范围蔓延

评估体系总分为 100 分。通过计算，一级指标传入风险、定殖风险、扩散风险、危害与影响、防治可能性的权重分别为 0.088、0.257、0.154、0.413、0.088。

计算公式为

$$\omega_i = \frac{1}{n}\sum_{j=1}^{n}\frac{a_{ij}}{\sum_{k=1}^{n}a_{kj}}，\quad i = 1, 2, \cdots, n$$

欧亚蓝刺头的综合评分为 75 分，风险等级为Ⅰ级，属于高风险种类。

④结论。

欧亚蓝刺头属于高度危险性的有害生物，应积极采取有效的防治措施，防止其扩散蔓延造成危害。

（4）对策建议。

欧亚蓝刺头是一种常见的草地杂草，对农作物的生长会带来负面影响。以下是一些常见的欧亚蓝刺头防治对策。

①机械控制：手工除草是一种有效的控制方法。可以使用锄头或其他工具将欧亚蓝刺头拔掉或挖掉。

②化学控制：可以使用除草剂来控制欧亚蓝刺头的生长。选择适合草地杂草的除草剂，并按照说明正确使用。

③覆盖控制：通过覆盖剂，如黑色塑料膜或厚层的有机覆盖物，可以阻止欧亚蓝刺头的生长。

④生物控制：引入欧亚蓝刺头的天敌和竞争植物，可以有效地控制其生长。例如，种植其他高竞争力的草种或引入吃欧亚蓝刺头的昆虫。

⑤预防措施：定期修剪草地，保持草地整洁，预防欧亚蓝刺头的扩散和生长。确保草地有足够的养分和水分，以促进草地健康生长。

12. 刺儿菜

（1）发生情况。

①分布格局。

国内分布：全国各地均有分布。

国外分布：中欧、东欧等地。

辖区内分布：呼和浩特市和林格尔县、清水河县、玉泉区。

②发生程度。

刺儿菜危害较重区域为和林格尔县，密度为4～6株/m^2。刺儿菜适应范围广，可以在不同类型的气候和环境条件下生长繁殖。这使得其在多种生境中都能够扩散和定殖，增加了其管理的复杂性。

（2）趋势分析。

①发生特点。

呼和浩特市刺儿菜灾害以中度发生为主，局部中度发生。

根据呼和浩特市草原有害生物发生规律、普查数据和近年来监测调查数据，结合气象以及往年各区域草原生物灾害发生和防治情况等综合因素分析，刺儿菜总体发生趋势较平稳。

②扩散形势。

通过近年来的监测和草原有害生物普查数据分析，刺儿菜的种子可以通过风力、水流、动物散布等多种途径扩散到其他地方。这使得控制其种子扩散变得具有挑战性，特别是在大范围的生态系统中存在一定的扩散风险；重点风险防范区域为和林格尔县。

（3）风险评估。

刺儿菜为多年生草本，地下部分常大于地上部分，有长根茎。茎直立，幼茎被白色蛛丝状毛，有棱，高30～80（100～120）cm，基部直径3～5 mm，有时可达1 cm，上部有分枝，花序分枝无毛或有薄绒毛。叶互生，基生叶花时凋落，下部和中部叶椭圆形或椭圆状披针形，长 7～10 cm，宽 1.5～2.2 cm，表面绿色，背面淡绿色，两面有疏密不等的白色蛛丝状毛，顶端短尖或钝，基部窄狭或钝圆，近全缘或有疏锯齿，无叶柄。花果期 5～9 月。

①潜在的经济危害性。

刺儿菜在农田、草地和荒地等生境中生长并与其他植物竞争水分、养分和生存空间。

②毒害草传播扩散的可能性。

种子可以通过风力、水流、动物散布或人类活动扩散到其他地方。

③有害生物管理难度。

刺儿菜主要通过种子传播，人为活动传播能力强，适应性强。

根据以上各方面评估情况，采用层次分析法（AHP）建立层次结构模型，构建比较矩阵，计算层次指标的权重值。各个指标的权重用算术平均法计算。

刺儿菜风险评估表见表 2.13。

表 2.13　刺儿菜风险评估表

一级指标	二级指标	三级指标	评估标准	赋分	得分
1 传入风险 9%	1.1 传入途径 6%	传入可能性 6%	有意引入	6	4
			无意引入	4	
			自然扩散	2	
	1.2 引入途径管理现状 3%	中华人民共和国植物检疫性有害生物名录 3%	列入	3	0
			未列入	0	
2 定殖风险 26%	2.1 适应性 9%	气候适应能力 3%	适应力强	3	3
			适应力弱	1	
		土壤环境适应能力 3%	适应力强	3	3
			适应力弱	1	
		逆境生境生存能力 3%	强	3	3
			弱	1	
	2.2 生物学特性 17%	繁殖能力 5%	强	5	5
			弱	2	
		繁殖方式 5%	两者皆有	5	5
			有性繁殖	3	
			无性繁殖	3	
		繁殖周期 5%	小于 1 年	5	5
			大于 1 年	3	
		生活型 2%	1、2 年生草本	2	1
			多年生草本	1	

续表 2.13

一级指标	二级指标	三级指标	评估标准	赋分	得分
3 扩散风险 15%	3.1 扩散方式 10%	是否以风力传播 4%	是	4	4
			否	0	
		是否以水力传播 2%	是	2	2
			否	0	
		是否以动物携带传播 2%	是	2	2
			否	0	
		是否以人类及运输媒介传播 2%	是	2	2
			否	0	
	3.2 分布情况 5%	分布范围 5%	6 个以上盟市	5	3
			3~6 个盟市	3	
			少于 3 个盟市	1	
4 危害与影响 41%	4.1 对生物多样性的影响 19%	资源竞争能力 7%	强	7	7
			弱	3	
		抑制作用 5%	产生抑制作用	5	5
			不产生抑制作用	0	
		能否高密度占领生境 3%	能	3	3
			不能	0	
		毒性或带刺 1%	具毒性或带刺	1	1
			不具毒性且不带刺	0	
		是否能形成单一种群 3%	能形成	3	3
			不能形成	0	
	4.2 对生态的影响 8%	对生态系统过程的影响 4%	产生影响	4	4
			不产生影响	0	
		对生态环境因子的影响 4%	产生影响	4	4
			不产生影响	0	
	4.3 对经济的影响 10%	对农业的影响 5%	产生严重影响	5	3
			产生影响但不严重	3	
			不产生影响	0	
		对牧业的影响 5%	产生严重影响	5	3
			产生影响但不严重	3	
			不产生影响	0	
	4.4 其他影响 4%	对人畜健康的影响 4%	有害	4	0
			无害	0	

续表 2.13

一级指标	二级指标	三级指标	评估标准	赋分	得分
5 防治可能性 9%	5.1 防治方法及难度 6%	防治方法 3%	防治方法单一	3	1
			具有多种防治方法	1	
		防治难度 3%	难度大	3	1
			难度中	2	
			难度小	1	
	5.2 防治成本及效果 3%	投入成本 2%	高	2	1
			低	1	
		防治效果 1%	防治效果一般	1	0
			防治效果显著	0	
合计					78

评估体系总分为 100 分。通过计算，一级指标传入风险、定殖风险、扩散风险、危害与影响、防治可能性的权重分别为 0.088、0.257、0.154、0.413、0.088。

计算公式为

$$\omega_i = \frac{1}{n}\sum_{j=1}^{n}\frac{a_{ij}}{\sum_{k=1}^{n} a_{kj}}, \quad i = 1, 2, \cdots, n$$

刺儿菜的综合评分为 78 分，风险等级为 I 级，属于高风险种类。

④结论。

刺儿菜属于高度危险性的有害生物，应积极采取有效的防治措施，防止其扩散蔓延造成危害。

（4）对策建议。

刺儿菜是一种常见的有害植物，其防治对策如下。

①手动除草：定期检查并手动拔掉刺儿菜是一种有效的方法。手动除草时要戴上适当的手套、穿长袖衣物，以免被刺儿菜刺伤。

②避免播种：确保室外区域没有刺儿菜的种子，并避免引入新的种子。清理和处理刺儿菜的花果，以防止它们掉落到土壤中。

③土壤管理：保持土壤健康有助于抑制刺儿菜的生长。应施加有机肥料，改善土壤质地，提高其他植物的竞争优势。

④化学除草剂：对于大面积的刺儿菜问题，可以考虑使用化学除草剂。使用前务必阅读并遵循产品说明，避免对环境和其他植物造成不必要的伤害。

⑤生物控制：某些昆虫和动物可以帮助控制刺儿菜的扩散，如刺儿菜蜂、刺儿菜虫等。可以咨询专业的生态学家或园艺师，了解如何引入这些天敌来控制刺儿菜的生长。

13. 黄花刺茄

（1）发生情况。

①分布格局。

国内分布：辽宁省、吉林省、河北省、北京市、新疆维吾尔自治区、内蒙古自治区等。

国外分布：美国、法国、澳大利亚等国。

辖区内分布：呼和浩特市赛罕区、托克托县、玉泉区、回民区、土默特左旗。

②发生程度。

黄花刺茄主要集中在赛罕区、托克托县，密度为5～10株/m^2。黄花刺茄适应范围广，可以在不同类型的土壤和环境条件下生长繁殖，是国家重点外来入侵植物。

（2）趋势分析。

①发生特点。

呼和浩特市黄花刺茄灾害以重度发生为主。

根据呼和浩特市草原有害生物发生规律、普查数据和近年来监测调查数据，结合气象以及往年各区域草原生物灾害发生和防治情况等综合因素分析，黄花刺茄总体发生趋势较严重。

②扩散形势。

通过近年来的监测和草原有害生物普查数据分析，呼和浩特市黄花刺茄灾害目前处于较严重状态。黄花刺茄通过牲畜食用可将种子传播到远处，果实还可以通过水流传播。这使得控制其种子扩散变得具有挑战性，特别是在大范围的生态系统中存在一定的扩散风险；重点风险防范区域为赛罕区、托克托县。

（3）风险评估。

黄花刺茄为一年生草本植物。直根系，主根发达，侧根较少，多须根。茎直立，基部稍木质化，株型类似灌木。高可达70 cm。叶互生，叶柄长0.5～5 cm，密被刺及星状毛；叶片卵形或椭圆形，裂片椭圆形或近圆形。蝎尾状聚伞花序腋外生，花期花轴伸长变成总状花序，花横向，在萼筒钟状，萼片线状披针形，花冠黄色，辐状，花瓣外面密被星状毛；花药黄色，异型，浆果球形，成熟时黄褐色。萼片直立靠拢成鸟喙状，果皮薄，与萼合生，种子多数，黑色，6～9月开花结果。

①潜在的经济危害性。

黄花刺茄可在农田中竞争养分和空间，对农作物生长造成影响，降低产量。

②毒害草传播扩散的可能性。

黄花刺茄通过牲畜食用可将种子传播到远处，果实还可以通过水流传播。

③有害生物管理难度。

黄花刺茄主要通过种子传播，繁殖能力强，扩散速度快，定殖能力强。

根据以上各方面评估情况，采用层次分析法（AHP）建立层次结构模型，构建比较矩阵，计算层次指标的权重值。各个指标的权重用算术平均法计算。

黄花刺茄风险评估表见表 2.14。

表 2.14　黄花刺茄风险评估表

一级指标	二级指标	三级指标	评估标准	赋分	得分
1 传入风险 9%	1.1 传入途径 6%	传入可能性 6%	有意引入	6	4
			无意引入	4	
			自然扩散	2	
	1.2 引入途径管理现状 3%	中华人民共和国植物检疫性有害生物名录 3%	列入	3	0
			未列入	0	
2 定殖风险 26%	2.1 适应性 9%	气候适应能力 3%	适应力强	3	3
			适应力弱	1	
		土壤环境适应能力 3%	适应力强	3	3
			适应力弱	1	
		逆境生境生存能力 3%	强	3	3
			弱	1	
	2.2 生物学特性 17%	繁殖能力 5%	强	5	5
			弱	2	
		繁殖方式 5%	两者皆有	5	5
			有性繁殖	3	
			无性繁殖	3	
		繁殖周期 5%	小于 1 年	5	5
			大于 1 年	3	
		生活型 2%	1、2 年生草本	2	2
			多年生草本	1	

续表 2.14

一级指标	二级指标	三级指标	评估标准	赋分	得分
3 扩散风险 15%	3.1 扩散方式 10%	是否以风力传播 4%	是	4	4
			否	0	
		是否以水力传播 2%	是	2	2
			否	0	
		是否以动物携带传播 2%	是	2	2
			否	0	
		是否以人类及运输媒介传播 2%	是	2	2
			否	0	
	3.2 分布情况 5%	分布范围 5%	6 个以上盟市	5	3
			3～6 个盟市	3	
			少于 3 个盟市	1	
4 危害与影响 41%	4.1 对生物多样性的影响 19%	资源竞争能力 7%	强	7	7
			弱	3	
		抑制作用 5%	产生抑制作用	5	5
			不产生抑制作用	0	
		能否高密度占领生境 3%	能	3	3
			不能	0	
		毒性或带刺 1%	具毒性或带刺	1	1
			不具毒性且不带刺	0	
		是否能形成单一种群 3%	能形成	3	3
			不能形成	0	
	4.2 对生态的影响 8%	对生态系统过程的影响 4%	产生影响	4	4
			不产生影响	0	
		对生态环境因子的影响 4%	产生影响	4	4
			不产生影响	0	
	4.3 对经济的影响 10%	对农业的影响 5%	产生严重影响	5	3
			产生影响但不严重	3	
			不产生影响	0	
		对牧业的影响 5%	产生严重影响	5	3
			产生影响但不严重	3	
			不产生影响	0	
	4.4 其他影响 4%	对人畜健康的影响 4%	有害	4	0
			无害	0	

续表 2.14

一级指标	二级指标	三级指标	评估标准	赋分	得分
5 防治可能性 9%	5.1 防治方法及难度 6%	防治方法 3%	防治方法单一	3	1
			具有多种防治方法	1	
		防治难度 3%	难度大	3	2
			难度中	2	
			难度小	1	
	5.2 防治成本及效果 3%	投入成本 2%	高	2	1
			低	1	
		防治效果 1%	防治效果一般	1	0
			防治效果显著	0	
合计					80

评估体系总分为 100 分。通过计算，一级指标传入风险、定殖风险、扩散风险、危害与影响、防治可能性的权重分别为 0.088、0.257、0.154、0.413、0.088。

计算公式为

$$\omega_i = \frac{1}{n}\sum_{j=1}^{n}\frac{a_{ij}}{\sum_{k=1}^{n}a_{kj}}, \quad i = 1, 2, \cdots, n$$

黄花刺茄的综合评分为 80 分，风险等级为 I 级，属于高风险种类。

④结论。

黄花刺茄属于高度危险性的有害生物，应积极采取有效的防治措施，防止其扩散蔓延造成危害。

（4）对策建议。

黄花刺茄是一种常见的杂草，对许多作物造成伤害。防治黄花刺茄的方法有很多种，以下是一些常见的策略。

①早期发现，早期防治：黄花刺茄的生长速度非常快，一旦发现，应立即进行处理。可以通过手动除草或使用除草剂进行防治。

②使用除草剂：对于大面积的黄花刺茄，可以使用适当的除草剂进行防治。常用的除草剂有草甘膦、2, 4-D 等，应按照说明书使用，避免对作物和环境造成伤害。

③物理防治：覆盖地膜、深翻土等方法可以有效防止黄花刺茄的生长。

④生物防治：利用一些对黄花刺茄有捕食或寄生习性的生物（如昆虫、病菌等）进行防治。

⑤种植抗性作物：选择一些对黄花刺茄有抗性的作物进行种植，可以有效减少黄花刺茄的危害。

⑥轮作制度：通过改变作物种植结构，打乱黄花刺茄的生命周期，从而达到防治目的。

防治黄花刺茄是一个长期的过程，需要持续的努力和耐心，不能期望一次就能彻底解决问题。

六、预防与治理策略

（一）预防对策

草原有害生物防治策略应综合考虑生态、经济和社会因素，采取科学、合理、可持续的方式来控制和减轻草原有害生物的危害。

1. 强化监测，科学预警

草原有害生物灾害预警信息，主要来源于长、中、短期趋势预测和实地监测调查。要根据不同有害生物灾害的预测预报技术规范，按时定点进行监测和调查，对草原鼠、虫、病害及有毒有害植物发生趋势进行研判分析，并根据草原有害生物灾害的不同发生时间做出预测预报，以便及时发现和预警有害生物暴发风险。

2. 统筹规划，分区施策

根据不同草原有害生物种类和发生规律，划定重点发生区域和风险区域，并确定重点防治区城、防治对象，根据不同有害生物种类、危害程度和发生规律，确定防治重点，科学制订防治措施。

3. 预防为主，综合防治

加大对草原生物灾害监测预警和防治基础设施建设的资金投入，提高防治草原生物灾害的应急能力；积极组织研发、储备和推广草原生物灾害防治新技术、新产品。研究制订草原生物灾害防治关键时段、重点地区和薄弱环节的防控措施，采取综合有效防治措施，努力防止灾害的暴发和蔓延。

（二）治理对策

1. 监测和预警

建立草原有害生物监测预警系统，定期收集和分析有害生物种群数量、分布、发生趋势等信息，以便及时发现和预警有害生物暴发风险。

2. 生物防治

利用天敌、寄生虫、病原微生物等生物资源，进行生物防治。例如，研究和推广对有害生物具有捕食、寄生或致病作用的生物制剂，减少化学农药的使用。

3. 物理防治

通过物理方法降低有害生物的繁殖和活动能力。例如，设置捕捉器、阻挡网等设施，防止有害生物的传播和扩散。

4. 农业措施

采用合理的草地管理方式，如定期轮牧、适时刈割、保持适宜草地覆盖等，增强草地植被的抗有害生物能力。

5. 化学防治

在必要时采用化学农药进行防治，但要严格控制药剂的使用量和频次，避免草原生态环境污染和草地生物多样性下降。

6. 生态修复

对受到有害生物破坏的草地进行生态修复，如补播本地优良牧草品种、保护和恢复草地湿地等，以提高草地生态系统的抵抗力和稳定性。

7. 法规政策

制定和实施针对草原有害生物防治的法规、政策和标准，明确各级政府和草原使用者的责任和义务，加强监管和执法力度。

8. 科技支撑

加大草原有害生物防治科研投入，培育适应草原生态环境的防治技术和产品，提高草原有害生物防治的科技水平。

9. 宣传教育

加强草原有害生物防治知识的宣传教育，提高草原使用者和管理者的防治意识和技能。

（三）治理成效

草原有害生物在呼和浩特市草原连年发生，给草原生态环境和畜牧业生产带来极大损失。草原有害生物的发生，得到呼和浩特市党委、政府的高度重视，草原有害生物防控部门加强监测预警，狠抓措施落实，积极采用生物防治、化学防治、生态调控等综合防控措施对草原蝗虫进行了卓有成效的防治。

呼和浩特市草原有害生物防控工作坚持“预防为主，综合防治”植保方针和“绿水青山就是金山银山”理念，由单一追求防效，向防效与环保并重的防控模式转变，综合运用生物、化学、生态的组装配套技术，积极开展草原有害生物综合防控工作。同时，随着国家、内蒙古自治区和呼和浩特市对草原生态保护修复工作的重视，呼和浩特市林业和草原局积极采用禁牧休牧、围栏封育、人工种草、补播改良、施肥除莠等综合措施，破坏和改变草原有害生物适宜的栖息、繁殖和生存环境，从而长期有效抑制草原有害生物种群数量的增长。

随着防控力度的不断加大以及草原生态环境的好转，呼和浩特市草原有害生物整体危害呈逐年下降趋势。草原有害生物灾害逐渐由先前的集中连片、大面积发生，向目前的点、片状分散发生转变，危害程度也由之前的高密度、重度发生，向现在的中、低密度和中、轻度发生转变，鼠害、蝗虫灾害得到明显遏制，植被得到显著恢复，综合防控效果凸显。草原有害生物防控工作的持续开展，有效遏制了灾害的扩散和蔓延，得到了广大农牧民的认可和积极响应，起到了生态效益、社会效益和经济效益多赢的作用，对于保护草地资源、维护生态平衡、发展畜牧业具有战略性意义。

1. 生态效益

草原有害生物防控工作的开展，促进了草原生态系统修复，增强了生态系统稳定性和承载力，提高了草原生物灾害的防控能力，降低了鼠虫密度，减缓了生物灾害对草场的压力，有利于草地植被的恢复及草种结构的改善。植被盖度及密度显著提高，草原生态环境得到进一步改善，生态状况明显好转，局部恶化趋势得到控制，草原生态系统一定程度上形成良性循环。

2. 社会效益

通过对草原有害生物的防控，有效遏制了草原生物灾害的猖獗发生和危害，增强了抗灾保畜能力，为农牧民创造了良好的生活和生产环境，有利于民族团结和边疆稳定，也是深入贯彻习近平生态文明思想的体现。草原生物灾害防控工作不仅在草原生态恢复、牧民增收、民族团结、社会稳定等方面发挥了重要作用，而且促进了农村牧区生态、经济、社会的协调发展。

3. 经济效益

草原生物灾害防控工作的积极开展，有效遏制了草原生物灾害的蔓延势头，减少了草原生物灾害造成的危害，最大限度地挽回了灾害造成的牧草损失和农牧民经济损失，促进了草原植被逐步恢复和生态环境有效改善，对保障和维护草原生态建设和保护成果起到了积极的作用。

七、存在的问题及建议

（一）存在的问题

（1）普查经费短缺。普查所需工具不够完备，使普查工作受到限制，不能细致全面地完成普查任务。

（2）草原有害生物标本鉴定难度大。虽然有部分参考书籍和资料，但许多目科资料缺乏，内业标本鉴定、整理难度大。

（3）由于呼和浩特市草原面积大，普查人员承担的任务相对较重，除了日常的监测调查、防治及检疫外，还承担着许多基层单位必须承担的社会性事务，而普查工作要求的时间紧、任务重、普查范围广，因此普查工作难免存在疏漏之处。同时，由于呼和浩特市草原普查季节的时间短，导致许多草原有害生物生活史标本种类采集不全，严重影响了普查工作的质量。

（4）宣传力度不够，特别是有害生物基础知识及先进的调查设备应用。

（二）建议

1. 完善监测预报体系，提升业务素质

科学预测预报是提高防治科学性的前提条件，可为防治部门提供可靠的决策依据，制订科学有效的防控方案，因此需要不断加强草原有害生物监测预报体系建设。

要进一步健全预警监测体系，加强监测预警中心建设，强化野外监测试验站和边境地区监测点建设。利用遥感技术继续开展草原虫害遥感和航拍监测试验，对草原有害生物进行监测，及时掌握种群动态。要加快构建市、县、乡、村四级草原鼠害监测预报网络体系，完善草原基层组织预警体系建设，改进监测手段，增加监测点密度，扩大监测范围，提高监测预报准确率。此外，还应注重做好现有监测技术人员的专业技能培训，全面提升预测预报能力和监测预警水平，为科学防治提供数据支撑。

2. 积极开展科学研究，提高防治水平

呼和浩特市草原有害生物种类较多，所涉及的地区较多，且发生期不同。草原有害生物的防治要灵活运用各种综合防控技术，但不同技术的应用效果受到环境条件、有害生物种类和爆发程度等因素的影响，需要进一步的研究和实践。

同时，要依靠科技进步和技术创新，加大新技术、新药品的研发，提高防治技术科技含量，把草原有害生物综合治理技术提升到一个新阶段。要做好技术推广工作，应用高效、低毒、低残留、无二次中毒的化学农药，大力推广应用成熟的绿色生物、生态防控技术，保护生态环境，修复生态系统，逐步实现可持续治理。

3. 加强绿色生物防控，开展综合治理

要坚持以预防为主、综合防治为辅的方式，大力推广绿色防控措施。化学防治法一方面会造成草场药物残留严重，另一方面会使草场中的多种害虫天敌消失，无法发挥天敌防控草原鼠虫害的作用，从而导致草原生态环境逐渐恶化，防控效果逐渐变差，因此，要积极推行绿色生物防治措施。要充分利用天敌资源优势，加强生物防治示范区创建工作，积

极推广应用印楝素、微孢子虫、绿僵菌、苦参碱、新贝奥生物灭鼠剂、世双鼠靶等生物制剂防控。

在开展绿色生物防治的基础上，采取有效的综合治理措施进行防控。要坚持生态调控理念，通过加强围栏封育、人工种草、人工补播、科学施肥灌溉等生态治理措施，实现标本兼治，切断草原有害生物传播途径，提高草场自身抵抗能力，使防控工作向绿色可持续化方向迈进。

另外，应根据草原有害生物不同种类、各个生长期不同的生物学特性，因地制宜、因时制宜，合理运用生物、化学、物理、生态的治理方法，综合使用各种防治措施，加大生物防治和生态防治的比例，充分保护和利用自然天敌，改善植被条件，开展退化草原修复工作，培育良性生态环境。

呼和浩特市林业和草原保护中心

2024 年 10 月

第三章　呼和浩特市草原有害生物普查名录

一、动物界 Animalia（脊索动物门 Chordata）

鼠类 Rats

（一）啮齿目 Rodentia

1. 仓鼠科 Cricetidae

短耳仓鼠 *Allocricetulus eversmanni*

寄　　主：草本植物种子、苦豆子、猪毛菜、禾本科植物。

草 地 类：温性山地草甸类草原。

分布范围：新疆维吾尔自治区、内蒙古自治区、辽宁省、青海省、宁夏回族自治区、甘肃省、山西省、吉林省、陕西省、黑龙江省、河北省等。

发生地点：内蒙古自治区呼和浩特市武川县、和林格尔县、回民区、赛罕区。

危害部位：叶部、茎部、根部。

发生面积：5 700 亩。

长爪沙鼠 *Meriones unguiculatus*

寄　　主：锦鸡儿、沙棘、禾本科植物。

草 地 类：温性山地草甸类草原。

分布范围：内蒙古自治区、河北省、山西省、宁夏回族自治区、陕西省、甘肃省、黑龙江省、吉林省、辽宁省等。

发生地点：内蒙古自治区呼和浩特市和林格尔县。

危害部位：叶部、茎部、根部。

发生面积：4 700 亩。

子午沙鼠 ***Meriones meridianus***

寄　　主：草本植物、旱生灌木、小灌木的茎叶和果头。

草 地 类：温性山地草甸类草原。

分布范围：内蒙古自治区、河北省、陕西省、甘肃省、宁夏回族自治区、山西省、青海省、新疆维吾尔自治区等地区。

发生地点：内蒙古自治区呼和浩特市和林格尔县。

危害部位：叶部、茎部、根部。

发生面积：4 500 亩。

中华鼢鼠 ***Myospalax fontanieri***

寄　　主：沙棘、锦鸡儿、禾本科植物。

草 地 类：温性山地草甸类草原。

分布范围：甘肃省、青海省、宁夏回族自治区、陕西省、山西省、河北省、内蒙古自治区、四川省、湖南省等。

发生地点：内蒙古自治区呼和浩特市和林格尔县。

危害部位：叶部、茎部、根部。

发生面积：3 400 亩。

2. 跳鼠科 Dipodidae

五趾跳鼠 ***Allactaga sibirica***

寄　　主：麻黄、骆驼刺、锦鸡儿、禾本科杂草。

草 地 类：温性山地草甸类草原。

分布范围：黑龙江省、辽宁省、吉林省、河北省、山西省、内蒙古自治区、陕西省、宁夏回族自治区、青海省、新疆维吾尔自治区等。

发生地点：内蒙古自治区呼和浩特市和林格尔县、武川县、托克托县、清水河县。

危害部位：茎部、根部。

发生面积：6 700 亩。

3. 松鼠科 Sciuridae

达乌尔黄鼠 ***Spermophilus dauricus***

寄　　主：禾本科杂草。

草 地 类：温性山地草甸类草原。

分布范围：黑龙江省、吉林省、内蒙古自治区、河北省、山东省、山西省、陕西省、青海省、宁夏回族自治区、甘肃省等。

发生地点：内蒙古自治区呼和浩特市武川县、托克托县、赛罕区、玉泉区、清水河县、土默特左旗、新城区。

危害部位：茎部、根部。

发生面积：6 700 亩。

二、动物界 Animalia（节肢动物门 Arthropoda）

昆虫类 Insects

（一）直翅目 Orthoptera

1. 斑腿蝗科 Catantopidae

无齿稻蝗 *Oxya adentata*

寄　　主：黄豆、棉花、水稻、小麦、玉米。

草 地 类：温性山地草甸类草原。

分布范围：甘肃省、内蒙古自治区、河北省、河南省、宁夏回族自治区等。

发生地点：内蒙古自治区呼和浩特市回民区。

危害部位：全株。

发生面积：3 400 亩。

2. 斑翅蝗科 Oedipodidae

短星翅蝗 *Calliptamus abbreviatus*

寄　　主：豆科及禾本科植物。

草 地 类：温性山地草甸类草原。

分布范围：东北、华北、华东、华中、华南等地区。

发生地点：内蒙古自治区呼和浩特市武川县、托克托县、和林格尔县、赛罕区、回民区、清水河县、玉泉区、新城区。

危害部位：全株。

发生面积：7 200 亩。

红翅皱膝蝗 *Angaracris rhodopa*

寄　　主：菊科、禾本科牧草。

草 地 类：温性山地草甸类草原。

分布范围：内蒙古自治区、甘肃省、青海省、陕西省、山西省、河北省、黑龙江省等。

发生地点：内蒙古自治区呼和浩特市和林格尔县、玉泉区、回民区、武川县、托克托县、赛罕区、清水河县。

危害部位：叶部。

发生面积：7 200 亩。

鼓翅皱膝蝗 *Angaracris barabensis*

寄　　主：马铃薯、大豆、蔬菜、禾本科作物、杂草等。

草 地 类：温性山地草甸类草原。

分布范围：黑龙江省、内蒙古自治区、河北省、山西省、宁夏回族自治区、青海省、甘肃省等。

发生地点：内蒙古自治区呼和浩特市和林格尔县、赛罕区、回民区、武川县、托克托县、玉泉区、清水河县。

危害部位：叶部。

发生面积：7 700 亩。

亚洲小车蝗 *Oedaleus decorus asiaticus*

寄　　主：玉米、小麦、谷类、高粱、芦苇、茅草。

草 地 类：温性山地草甸类草原。

分布范围：内蒙古自治区、宁夏回族自治区、甘肃省、青海省、河北省、陕西省、山东省等。

发生地点：内蒙古自治区呼和浩特市和林格尔县、赛罕区、玉泉区、武川县、托克托县、清水河县、回民区、土默特左旗、新城区。

危害部位：全株。

发生面积：7 730 亩。

黄胫小车蝗 *Oedaleus infernalis*

寄　　主：小麦、水稻等作物及杂草。

草 地 类：温性山地草甸类草原。

分布范围：河北省、陕西省、山东省、江苏省、安徽省、福建省、内蒙古自治区等。

发生地点：内蒙古自治区呼和浩特市和林格尔县、托克托县、武川县。

危害部位：叶部。

发生面积：4 200 亩。

黄胫异痂蝗 *Bryodemella holdereri*

寄　　主：小麦、谷子、杂草等禾本科和莎草科植物。

草 地 类：温性山地草甸类草原。

分布范围：黑龙江省、吉林省、内蒙古自治区、青海省、甘肃省等。

发生地点：内蒙古自治区呼和浩特市武川县。

危害部位：叶部。

发生面积：3 300 亩。

3. 剑角蝗科 Acrididae

中华剑角蝗 *Acrida cinerea*

寄　　主：广泛。

草 地 类：温性山地草甸类草原。

分布范围：黑龙江省、北京市、河北省、内蒙古自治区、海南省、贵州省、浙江省、四川省、云南省等。

发生地点：内蒙古自治区呼和浩特市和林格尔县、赛罕区、回民区、武川县、托克托县、清水河县、玉泉区、土默特左旗、新城区。

危害部位：全株。

发生面积：6 990 亩。

4. 网翅蝗科 Arcypteridae

白边雏蝗 *Chorthippus albomarginatus*

寄　　主：禾本科植物及其他杂草。

草 地 类：温性山地草甸类草原。

分布范围：黑龙江省、新疆维吾尔自治区、内蒙古自治区、宁夏回族自治区等。

发生地点：内蒙古自治区呼和浩特市武川县。

危害部位：全株。

发生面积：3 200 亩。

5. 癞蝗科 Pamphagidae

笨蝗 *Haplotropis brunneriana*

寄　　主：禾本科单子叶草类（莣草、白草、狗尾草及菅）、双子叶杂草类（尖裂假还阳参、米口袋、地肤及藜）等。

草 地 类：温性山地草甸类草原。

分布范围：北京市、河北省、河南省、内蒙古自治区等。

发生地点：内蒙古自治区呼和浩特市和林格尔县。

危害部位：全株。

发生面积：1 200 亩。

6. 蚱科 Tetrigoidea

日本蚱 ***Tetrix japonica***

寄　　主：番薯、水稻、小麦、甘蔗等作物。

草 地 类：温性山地草甸类草原。

分布范围：全国各地均有分布。

发生地点：内蒙古自治区呼和浩特市武川县。

危害部位：全株。

发生面积：3 350 亩。

（二）双翅目 Diptera

1. 大蚊科 Tipulidae

大蚊 ***Tipulidae* sp.**

寄　　主：谷类和牧草。

草 地 类：温性山地草甸类草原。

分布范围：全国各地均有分布，尤其是南方地区。

发生地点：内蒙古自治区呼和浩特市和林格尔县、武川县。

危害部位：全株。

发生面积：4 200 亩。

（三）鳞翅目 Lepidoptera

1. 粉蝶科 Pieridae

斑缘豆粉蝶 ***Colias erate***

寄　　主：大豆、苜蓿等植物。

草 地 类：温性山地草甸类草原。

分布范围：东北、华北、华中地区及新疆维吾尔自治区、西藏自治区、江苏省、浙江省、福建省、云南省等。

发生地点：内蒙古自治区呼和浩特市赛罕区、玉泉区、托克托县、回民区、武川县、清水河县。

危害部位：叶部。

发生面积：5 200 亩。

云粉蝶 *Pontia edusa*

寄　　主：萝卜、白菜、甘蓝、油菜、荠菜等十字花科蔬菜及豆科牧草。

草 地 类：温性山地草甸类草原。

分布范围：黑龙江省、吉林省、辽宁省、新疆维吾尔自治区、青海省、陕西省、宁夏回族自治区、内蒙古自治区、河北省、河南省、山西省、山东省、江西省、浙江省、广东省、广西壮族自治区、四川省、贵州省、西藏自治区、甘肃省等。

发生地点：内蒙古自治区呼和浩特市和林格尔县、玉泉区、回民区、武川县、托克托县、赛罕区、清水河县。

危害部位：叶部。

发生面积：6 750 亩。

菜粉蝶 *Pieris rapae*

寄　　主：各种蔬菜。

草 地 类：温性山地草甸类草原。

分布范围：黑龙江省、吉林省、辽宁省、新疆维吾尔自治区、青海省、陕西省、宁夏回族自治区、内蒙古自治区、河北省、河南省、山西省、山东省、江西省、浙江省、广东省、广西壮族自治区、四川省、贵州省、西藏自治区、甘肃省等。

发生地点：内蒙古自治区呼和浩特市托克托县、和林格尔县。

危害部位：叶部。

发生面积：3 900 亩。

黎明豆粉蝶 *Colias heos*

寄　　主：豆科植物。

草 地 类：温性山地草甸类草原。

分布范围：陕西省、甘肃省、四川省、内蒙古自治区等。

发生地点：内蒙古自治区呼和浩特市和林格尔县。

危害部位：叶部。

发生面积：2 200 亩。

2. 眼蝶科 Satyridae

蛇眼蝶 *Minois dryas*

寄　　主：水稻、芒草。

草 地 类：温性山地草甸类草原。

分布范围：黑龙江省、山东省、河北省、山西省、陕西省、新疆维吾尔自治区、河南省、浙江省、江西省、福建省、内蒙古自治区等。

发生地点：内蒙古自治区呼和浩特市赛罕区、玉泉区、武川县、托克托县、清水河县、和林格尔县、回民区。

危害部位：叶部。

发生面积：6 600 亩。

白眼蝶 *Melanargia halimede*

寄　　主：水稻、甘蔗、竹。

草 地 类：温性山地草甸类草原。

分布范围：北京市、山西省、内蒙古自治区、陕西省、宁夏回族自治区、浙江省等。

发生地点：内蒙古自治区呼和浩特市和林格尔县、清水河县。

危害部位：叶部。

发生面积：3 200 亩。

仁眼蝶 *Eumenis autonoe*

寄　　主：禾本科植物。

草 地 类：温性山地草甸类草原。

分布范围：陕西省、山西省、甘肃省、黑龙江省、内蒙古自治区等。

发生地点：内蒙古自治区呼和浩特市和林格尔县、清水河县、回民区。

危害部位：叶部。

发生面积：4 200 亩。

3. 灰蝶科 Lycaenidae

蓝灰蝶 *Everes argiades*

寄　　主：大豆、豌豆、豇豆、苜蓿、紫云英等豆科植物。

草 地 类：温性山地草甸类草原。

分布范围：黑龙江省、吉林省、内蒙古自治区、陕西省、宁夏回族自治区、河北省、河南省、山东省、浙江省、江西省、福建省、台湾省、海南省、四川省、贵州省、云南省、西藏自治区等。

发生地点：内蒙古自治区呼和浩特市和林格尔县、赛罕区、托克托县。

危害部位：叶部。

发生面积：5 500 亩。

多眼灰蝶 *Polyommatus eros*

寄　　主：豆科、壳斗科、桑寄生科、蔷薇科、茜草科、景天科等植物。

草 地 类：温性山地草甸类草原。

分布范围：黑龙江省、吉林省、河北省、山东省、河南省、陕西省、宁夏回族自治区、甘肃省、青海省、四川省、西藏自治区、内蒙古自治区等。

发生地点：内蒙古自治区呼和浩特市和林格尔县、赛罕区、玉泉区、武川县、托克托县、清水河县。

危害部位：叶部。

发生面积：8 800 亩。

4. 蛱蝶科 Nymphalidae

灿福蛱蝶 *Fabriciana adippe*

寄　　主：堇菜科植物。

草 地 类：温性山地草甸类草原。

分布范围：黑龙江省、吉林省、内蒙古自治区、青海省、宁夏回族自治区、陕西省、河南省、山东省、江苏省、湖北省、江西省、四川省、贵州省、云南省、西藏自治区等。

发生地点：内蒙古自治区呼和浩特市武川县、和林格尔县、清水河县、玉泉区。

危害部位：叶部。

发生面积：3 200 亩。

小红蛱蝶 *Vanessa cardui*

寄　　主：堇菜科、忍冬科、杨柳科、桑科、榆科、麻类、大戟科、茜草科等植物。

草 地 类：温性山地草甸类草原。

分布范围：河北省、内蒙古自治区、河南省、陕西省、宁夏回族自治区、甘肃省、青海省、四川省等。

发生地点：内蒙古自治区呼和浩特市托克托县。

危害部位：叶部。

发生面积：1 930 亩。

重环蛱蝶 *Neptis alwina*

寄　　主：桃、梅、李、杏及草。

草 地 类：温性山地草甸类草原。

分布范围：浙江省、北京市、黑龙江省、内蒙古自治区、宁夏回族自治区、甘肃省、河南省、山东省、陕西省、贵州省、云南省等。

发生地点：内蒙古自治区呼和浩特市武川县。

危害部位：叶部。

发生面积：1 990 亩。

荨麻蛱蝶 *Aglais urticae*

寄　　主：荨麻科植物。

草 地 类：温性山地草甸类草原。

分布范围：北京市、黑龙江省、吉林省、辽宁省、甘肃省、青海省、内蒙古自治区、新疆维吾尔自治区等。

发生地点：内蒙古自治区呼和浩特市回民区。

危害部位：叶部。

发生面积：1 500 亩。

5. 夜蛾科 Noctuidae

放影夜蛾 *Lygephila craccae*

寄　　主：豆科、壳斗科、桑寄生科、蔷薇科、茜草科、景天科等植物。

草 地 类：温性山地草甸类草原。

分布范围：黑龙江省、吉林省、陕西省、宁夏回族自治区、河北省、河南省、山东省、浙江省、江西省、福建省、台湾省、海南省、四川省、贵州省、云南省、西藏自治区、甘肃省、内蒙古自治区等地区。

发生地点：内蒙古自治区呼和浩特市武川县、和林格尔县、托克托县、清水河县、赛罕区、回民区、玉泉区。

危害部位：叶部。

发生面积：6 200 亩。

裳夜蛾 *Catocala nupta*

寄　　主：杨、柳。

草 地 类：温性山地草甸类草原。

分布范围：河北省、黑龙江省、新疆维吾尔自治区、内蒙古自治区等。

发生地点：内蒙古自治区呼和浩特市和林格尔县、武川县。

危害部位：叶部。

发生面积：4 200 亩。

6. 尺蛾科 Geometridae

蝶青尺蛾 *Geometra papilionaria*

寄　　主：丁香、杨、水曲柳、椴。

草 地 类：温性山地草甸类草原。

分布范围：湖北省、黑龙江省、北京市、内蒙古自治区、吉林省等。

发生地点：内蒙古自治区呼和浩特市和林格尔县、武川县、清水河县。

危害部位：叶部。

发生面积：4 200 亩。

双斜线尺蛾 *Conchia mundataria*

寄　　主：栎、杨。

草 地 类：温性山地草甸类草原。

分布范围：辽宁省、吉林省、黑龙江省、内蒙古自治区、河北省、北京市、湖北省、江西省、江苏省、陕西省、山东省等。

发生地点：内蒙古自治区呼和浩特市和林格尔县。

危害部位：叶部。

发生面积：1 900 亩。

7. 枯叶蛾科 Lasiocampidae

苹枯叶蛾 *Odonestis pruni*

寄　　主：苹果、梨、桃、李、梅、樱桃及其他蔷薇科植物。

草 地 类：温性山地草甸类草原。

分布范围：黑龙江省、内蒙古自治区、福建省、广东省、广西壮族自治区、云南省、宁夏回族自治区、甘肃省、青海省、四川省等。

发生地点：内蒙古自治区呼和浩特市和林格尔县。

危害部位：叶部。

发生面积：1 330 亩。

8. 天蛾科 Sphingidae

黄脉天蛾 *Amorpha amurensis*

寄　　主：小叶杨、山杨、桦、椴。

草 地 类：温性山地草甸类草原。

分布范围：东北、华北、华西地区及新疆维吾尔自治区等。

发生地点：内蒙古自治区呼和浩特市和林格尔县、武川县、清水河县、托克托县。

危害部位：叶部。

发生面积：5 200 亩。

9. 毒蛾科 Lymantriidae

舞毒蛾 *Lymantria dispar*

寄　　主：苹果、柿、梨、桃、杏、樱桃、栗、橡、杨、柳、桑、榆、落叶松、樟子松、栎、李、桦、山楂、槭、椴、云杉、马尾松、云南松、油松、华山松、红松等500多种植物。

草 地 类：温性山地草甸类草原。

分布范围：东北、华北、华中、西北等地区。

发生地点：内蒙古自治区呼和浩特市和林格尔县、托克托县。

危害部位：叶部。

发生面积：2 200 亩。

柳毒蛾 *Stilpnotia salicis*

寄　　主：棉花、茶树、杨、柳、栎、栗、樱桃、梨、梅、杏、桃等。

草 地 类：温性山地草甸类草原。

分布范围：黑龙江省、内蒙古自治区、新疆维吾尔自治区、浙江省、江西省、湖南省、贵州省、云南省等。

发生地点：内蒙古自治区呼和浩特市武川县、和林格尔县、托克托县、清水河县。

危害部位：叶部。

发生面积：4 200 亩。

（四）同翅目 Homoptera

1. 叶蝉科 Cicadellidae

大青叶蝉 *Cicadella viridis*

寄　　主：大豆、马铃薯等。

草 地 类：温性山地草甸类草原。

分布范围：黑龙江省、吉林省、辽宁省、内蒙古自治区、河北省、河南省、山东省、江苏省、浙江省、安徽省、江西省、台湾省、福建省、湖北省、湖南省、广东省、海南省、贵州省、四川省、陕西省、甘肃省、宁夏回族自治区、青海省、新疆维吾尔自治区等。

发生地点：内蒙古自治区呼和浩特市武川县、和林格尔县、玉泉区、托克托县、清水河县、赛罕区、回民区。

危害部位：叶部。

发生面积：7 200 亩。

2. 象蜡蝉科 Dictyopharidae

中华象蜡蝉 *Dictyophara sinica*

寄　　主：桑、柑橘、香樟、桉、蜡梅、菊花、水稻、玉米、高粱、甘蔗。

草 地 类：温性山地草甸类草原。

分布范围：陕西省、重庆市、四川省、浙江省、广东省、内蒙古自治区、宁夏回族自治区等。

发生地点：内蒙古自治区呼和浩特市武川县、和林格尔县、赛罕区、托克托县、回民区、玉泉区。

危害部位：叶部、根部、茎部。

发生面积：5 990 亩。

（五）半翅目 Hemiptera

1. 蝽科 Pentatomidae

横纹菜蝽 *Eurydema gebleri*

寄　　主：甘蓝、紫甘蓝、西兰花、花椰菜、白菜、萝卜、樱桃萝卜、油菜、芥菜、板蓝根、白屈菜等。

草 地 类：温性山地草甸类草原。

分布范围：黑龙江省、吉林省、辽宁省、内蒙古自治区、甘肃省、新疆维吾尔自治区、河北省、陕西省、山东省、江苏省、安徽省、湖北省、四川省、贵州省、云南省、西藏自治区等。

发生地点：内蒙古自治区呼和浩特市和林格尔县、赛罕区、武川县、回民区。

危害部位：叶部、根部、茎部。

发生面积：5 200 亩。

二星蝽 *Eysacoris guttiger*

寄　　主：麦类作物及水稻、棉花、大豆、高粱、玉米、甘薯、茄、桑、无花果等。

草 地 类：温性山地草甸类草原。

分布范围：黑龙江省、海南省、广东省、广西壮族自治区、云南省、内蒙古自治区、宁夏回族自治区、甘肃省、四川省、西藏自治区等。

发生地点：内蒙古自治区呼和浩特市赛罕区。

危害部位：叶部、根部、茎部。

发生面积：2 200 亩。

尖头麦蝽 *Aelia acuminata*

寄　　主：麦类作物及水稻、苜蓿等。

草 地 类：温性山地草甸类草原。

分布范围：新疆维吾尔自治区、陕西省、甘肃省、内蒙古自治区、宁夏回族自治区等。

发生地点：内蒙古自治区呼和浩特市武川县。

危害部位：叶部、根部、茎部。

发生面积：2 000 亩。

菜蝽 *Eurydema dominulus*

寄　　主：甘蓝、花椰菜、白菜、萝卜、油菜、芥菜等十字花科蔬菜。

草 地 类：温性山地草甸类草原。

分布范围：黑龙江省、台湾省、海南省、广东省、广西壮族自治区、云南省、内蒙古自治区、宁夏回族自治区、甘肃省、四川省、西藏自治区等。

发生地点：内蒙古自治区呼和浩特市托克托县。

危害部位：叶部、根部、茎部。

发生面积：2 200 亩。

紫翅果蝽 *Carpocoris purpureipennis*

寄　　主：枣、沙枣、苹果、梨、枸杞、白刺、马铃薯、胡萝卜、萝卜、甘草、小麦等。

草 地 类：温性山地草甸类草原。

分布范围：陕西省、山西省、吉林省、黑龙江省、内蒙古自治区等。

发生地点：内蒙古自治区呼和浩特市和林格尔县、武川县。

危害部位：叶部、根部、茎部。

发生面积：1 890 亩。

斑须蝽 *Dolycoris baccarum*

寄　　主：麦类、麻类作物及水稻、大豆、玉米、粟、甜菜、苜蓿等。

草 地 类：温性山地草甸类草原。

分布范围：黑龙江省、台湾省、海南省、广东省、广西壮族自治区、云南省、内蒙古自治区、宁夏回族自治区、甘肃省、四川省、西藏自治区等。

发生地点：内蒙古自治区呼和浩特市托克托县。

危害部位：叶部、根部、茎部。

发生面积：2 200 亩。

珠蝽 *Rubiconia intermedia*

寄　　主：麦类、豆类作物及水稻、苹果、枣、柳叶菜、水芹等。

草 地 类：温性山地草甸类草原。

分布范围：湖南省、黑龙江省、吉林省、辽宁省、内蒙古自治区、宁夏回族自治区、甘肃省、广东省、广西壮族自治区、贵州省等。

发生地点：内蒙古自治区呼和浩特市和林格尔县。

危害部位：叶部、根部、茎部。

发生面积：1 790 亩。

2. 盲蝽科 Miridae

苜蓿盲蝽 *Adelphocoris lineolatus*

寄　　主：苜蓿、草木樨、马铃薯、棉花等作物。

草 地 类：温性山地草甸类草原。

分布范围：北京市、天津市、河北省、山西省、内蒙古自治区、辽宁省、吉林省、黑龙江省等。

发生地点：内蒙古自治区呼和浩特市清水河县、回民区。

危害部位：叶部、根部、茎部。

发生面积：3 400 亩。

3. 缘蝽科 Coreidae

亚姬缘蝽 *Corizus albomarginatus*

寄　　主：小麦、苜蓿、铁杆蒿、蒲公英、鸦葱。

草 地 类：温性山地草甸类草原。

分布范围：内蒙古自治区、山西省、黑龙江省、贵州省等。

发生地点：内蒙古自治区呼和浩特市清水河县、玉泉区。

危害部位：叶部、根部、茎部。

发生面积：2 430 亩。

4. 长蝽科 Lygaeidae

横带红长蝽 *Lygaeus equestris*

寄　　主：瓜类蔬菜等。

草 地 类：温性山地草甸类草原。

分布范围：北京市、天津市、江苏省、河南省、浙江省、江西省、广东省、广西壮族自治区、四川省、云南省等。

发生地点：内蒙古自治区呼和浩特市和林格尔县。

危害部位：叶部、根部、茎部。

发生面积：2 200 亩。

角红长蝽 *Lygaeus hanseni*

寄　　主：瓜类蔬菜。

草 地 类：温性山地草甸类草原。

分布范围：北京市、天津市、江苏省、河南省、浙江省、江西省、广东省、广西壮族自治区、四川省、云南省、台湾省、内蒙古自治区等地区。

发生地点：内蒙古自治区呼和浩特市武川县。

危害部位：叶部、根部、茎部。

发生面积：1 900 亩。

5. 红蝽科 Pyrrhocoridae

地红蝽 *Pyrrhocoris tibialis*

寄　　主：冬葵、禾本科杂草。

草 地 类：温性山地草甸类草原。

分布范围：宁夏回族自治区、北京市、河北省、内蒙古自治区、辽宁省、上海市、江苏省、浙江省、山东省、甘肃省等。

发生地点：内蒙古自治区呼和浩特市和林格尔县、武川县。

危害部位：叶部、根部、茎部。

发生面积：5 600 亩。

6. 猎蝽科 Reduviidae

淡带荆猎蝽 *Acanthaspis cincticrus*

寄　　主：禾本科植物。

草 地 类：温性山地草甸类草原。

分布范围：陕西省、北京市、河北省、山西省、河南省、山东省、内蒙古自治区等地区。

发生地点：内蒙古自治区呼和浩特市和林格尔县。

危害部位：叶部、根部、茎部。

发生面积：1 900 亩。

（六）鞘翅目 Coleoptera

1. 肖叶甲科 Eumolpidae

中华萝藦肖叶甲 *Chrysochus chinensis*

寄　　主：蕹菜、地梢瓜、曼陀罗、鹅绒藤、戟叶鹅绒藤及黄芪属、罗布麻属植物。

草 地 类：温性山地草甸类草原。

分布范围：黑龙江省、吉林省、辽宁省、内蒙古自治区、甘肃省、青海省、河北省、山西省、陕西省、山东省、河南省、江苏省、浙江省、江西省等。

发生地点：内蒙古自治区呼和浩特市和林格尔县、玉泉区、托克托县、赛罕区、清水河县、武川县。

危害部位：叶部、根部、茎部。

发生面积：4 200 亩。

2. 叶甲科 Chrysomelidae

双斑长跗萤叶甲 *Monolepta hieroglyphica*

寄　　主：豆类、苜蓿、玉米、茼蒿、胡萝卜、向日葵、杏、苹果等作物。

草 地 类：温性山地草甸类草原。

分布范围：江苏省、浙江省、湖北省、江西省、内蒙古自治区、宁夏回族自治区、甘肃省、陕西省、四川省、云南省、贵州省等。

发生地点：内蒙古自治区呼和浩特市武川县、和林格尔县、托克托县、清水河县、赛罕区、回民区、玉泉区。

危害部位：叶部。

发生面积：6 900 亩。

黑足黑守瓜 *Aulacophora nigripennis*

寄　　主：栝楼、苦瓜、丝瓜、黄瓜、南瓜、冬瓜、罗汉果等。

草 地 类：温性山地草甸类草原。

分布范围：陕西省、山东省、江苏省、河北省、黑龙江省、内蒙古自治区、甘肃省等。

发生地点：内蒙古自治区呼和浩特市托克托县、赛罕区、和林格尔县、清水河县、玉泉区、回民区、武川县。

危害部位：叶部。

发生面积：6 320 亩。

广聚萤叶甲 *Ophraella communa*

寄　　主：豆类、马铃薯、苜蓿、玉米、茼蒿、胡萝卜、向日葵、杏树、苹果等作物。

草 地 类：温性山地草甸类草原。

分布范围：东北、华北地区及江苏省、浙江省、湖北省、江西省、福建省、广东省、广西壮族自治区、宁夏回族自治区、甘肃省、陕西省、四川省、云南省、贵州省、内蒙古自治区等地区。

发生地点：内蒙古自治区呼和浩特市武川县、和林格尔县。

危害部位：叶部。

发生面积：4 200 亩。

3. 虎甲科 Cicindelidae

多型虎甲红翅亚种 *Cicindela hybrida*

寄　　主：棉花等作物。

草 地 类：温性山地草甸类草原。

分布范围：福建省、黑龙江省、吉林省、辽宁省、内蒙古自治区、青海省、新疆维吾尔自治区、河北省、山西省、山东省、江苏省、安徽省等。

发生地点：内蒙古自治区呼和浩特市和林格尔县。

危害部位：根部。

发生面积：4 200 亩。

4. 象甲科 Curculionidae

西伯利亚绿象 *Chlorophanus sibiricus*

寄　　主：苹果、杨、柳。

草 地 类：温性山地草甸类草原。

分布范围：内蒙古自治区、北京市、黑龙江省、吉林省、辽宁省、山西省、陕西省、宁夏回族自治区、甘肃省、青海省等。

发生地点：内蒙古自治区呼和浩特市武川县、赛罕区、清水河县。

危害部位：叶部、根部、茎部。

发生面积：4 900 亩。

5. 步甲科 Carabidae

婪步甲 *Harpalus* sp.

寄　　主：小麦、大麦、燕麦及黍科植物的种子。

草 地 类：温性山地草甸类草原。

分布范围：内蒙古自治区、河北省、河南省、江苏省、安徽省、浙江省、江西省、福建省、湖北省、四川省、贵州省等。

发生地点：内蒙古自治区呼和浩特市武川县。

危害部位：叶部、根部、茎部。

发生面积：3 200 亩。

6. 拟步甲科 Tenebrionidae

拟步甲 *Tenebrio* sp.

寄　　主：干燥腐败的植物等。

草 地 类：温性山地草甸类草原。

分布范围：内蒙古自治区、北京市、黑龙江省、吉林省、辽宁省、山西省、陕西省、宁夏回族自治区、甘肃省、青海省、四川省等。

发生地点：内蒙古自治区呼和浩特市和林格尔县、武川县、托克托县。

危害部位：叶部、根部、茎部。

发生面积：5 600 亩。

7. 金龟科 Scarabaeidae

白星花金龟 *Protaetia brevitarsis*

寄　　主：粮食、水果、蔬菜等经济作物。

草 地 类：温性山地草甸类草原。

分布范围：黑龙江省、吉林省、辽宁省、内蒙古自治区、河北省、陕西省、山西省、山东省、河南省、安徽省、江苏省、浙江省、四川省、湖北省、江西省、湖南省、广西壮族自治区、贵州省、福建省、新疆维吾尔自治区等。

发生地点：内蒙古自治区呼和浩特市赛罕区。

危害部位：叶部、根部、茎部。

发生面积：2 200 亩。

8. 鳃金龟科 Melolonthidae

华北大黑鳃金龟 *Holotrichia oblita*

寄　　主：杨、柳、榆、桑、核桃、苹果、刺槐、栎等多种树。

草 地 类：温性山地草甸类草原。

分布范围：东北、华北、西北等地区。

发生地点：内蒙古自治区呼和浩特市和林格尔县、清水河县、赛罕区、武川县、回民区、玉泉区、托克托县。

危害部位：叶部、根部、茎部。

发生面积：6 200 亩。

9. 丽金龟科 Rutelinae

粗绿彩丽金龟 *Mimela holosericea*

寄　　主：葡萄、苹果。

草 地 类：温性山地草甸类草原。

分布范围：黑龙江省、吉林省、辽宁省、内蒙古自治区、河北省、青海省等。

发生地点：内蒙古自治区呼和浩特市清水河县。

危害部位：叶部、根部、茎部。

发生面积：3 200 亩。

10. 瓢虫科 Coccinellidae

多异瓢虫 *Hippodamia variegata*

寄　　主：棉蚜、麦蚜、豆蚜、玉米蚜，多见于棉花、小麦、豇豆、玉米等作物。

草 地 类：温性山地草甸类草原。

分布范围：吉林省、辽宁省、新疆维吾尔自治区、内蒙古自治区、陕西省、甘肃省、宁夏回族自治区、北京市、河北省、河南省、山东省、山西省、四川省、福建省、云南省、西藏自治区等。

发生地点：内蒙古自治区呼和浩特市和林格尔县、武川县。

危害部位：叶部、根部、茎部。

发生面积：4 200 亩。

11. 郭公虫科 Cleridae

中华食蜂郭公虫 *Trichodes sinae*

寄　　主：蔷薇科、菊科、忍冬科等灌木和草本植物。

草 地 类：温性山地草甸类草原。

分布范围：辽宁省、吉林省、黑龙江省、内蒙古自治区、新疆维吾尔自治区、福建省、青海省、四川省、云南省、湖南省、山东省、江苏省、北京市、江西省、浙江省等。

发生地点：内蒙古自治区呼和浩特市玉泉区、托克托县。

危害部位：叶部、根部、茎部。

发生面积：2 390 亩。

12. 天牛科 Cerambycidae

多带天牛 *Polyzonus fasciatus*

寄　　主：杨、柳、刺槐、侧柏、麻栎、玫瑰等。

草 地 类：温性山地草甸类草原。

分布范围：北京市、内蒙古自治区、黑龙江省、吉林省、辽宁省、河北省、河南省等。

发生地点：内蒙古自治区呼和浩特市和林格尔县、回民区。

危害部位：叶部、根部、茎部。

发生面积：2 200 亩。

麻斑草天牛 *Eodorcadion impluviatum*

寄　　主：老树、枯木、碱草。

草 地 类：温性山地草甸类草原。

分布范围：内蒙古自治区、河北省、北京市、黑龙江省、吉林省等。

发生地点：内蒙古自治区呼和浩特市托克托县、清水河县、赛罕区、武川县。

危害部位：叶部、根部、茎部。

发生面积：3 600 亩。

13. 芫菁科 Meloidae

绿芫菁 *Lytta caraganae*

寄　　主：豆类、苜蓿、黄芪、柠条锦鸡儿、槐等。

草 地 类：温性山地草甸类草原。

分布范围：北京市、内蒙古自治区、黑龙江省、辽宁省、吉林省、河北省、浙江省等。

发生地点：内蒙古自治区呼和浩特市和林格尔县、赛罕区、玉泉区、回民区、武川县、托克托县、清水河县。

危害部位：叶部、根部、茎部。

发生面积：9 930 亩。

苹斑芫菁 *Mylabris calida*

寄　　主：棉花等作物。

草 地 类：温性山地草甸类草原。

分布范围：湖北省、江苏省、山东省、河北省、内蒙古自治区、新疆维吾尔自治区、黑龙江省等。

发生地点：内蒙古自治区呼和浩特市和林格尔县、武川县、托克托县、清水河县、赛罕区、玉泉区、回民区。

危害部位：叶部、根部、茎部。

发生面积：8 300 亩。

中华芫菁 *Epicauta chinensis*

寄　　主：蕨类植物。

草 地 类：温性山地草甸类草原。

分布范围：宁夏回族自治区、北京市、天津市、河北省、山西省、内蒙古自治区、吉林省、黑龙江省等。

发生地点：内蒙古自治区呼和浩特市武川县、托克托县。

危害部位：叶部、根部、茎部。

发生面积：5 990 亩。

红头豆芫菁 *Epicauta ruficeps*

寄　　主：锦葵科和禾本科植物。

草 地 类：温性山地草甸类草原。

分布范围：内蒙古自治区、福建省、江西省、湖南省、广西壮族自治区、重庆市、四川省、云南省等地区。

发生地点：内蒙古自治区呼和浩特市武川县、和林格尔县、托克托县、清水河县、赛罕区、回民区、玉泉区。

危害部位：叶部、根部、茎部。

发生面积：8 900 亩。

腋斑芫菁 *Mylabris axillaris*

寄　　主：棉花等作物。

草 地 类：温性山地草甸类草原。

分布范围：内蒙古自治区、新疆维吾尔自治区、河北省、北京市、江苏省、湖北省、黑龙江省等。

发生地点：内蒙古自治区呼和浩特市和林格尔县、赛罕区、玉泉区、回民区、武川县、托克托县、清水河县。

危害部位：叶部、根部、茎部。

发生面积：6 700 亩。

三、植物界 Plantae

植物类 Plants

（一）蔷薇目 Rosales

1. 豆科 Fabaceae

斜茎黄芪 *Astragalus adsurgens*

草 地 类：温性山地草甸类草原。

分布范围：东北、华北、西北、西南等地区。

发生地点：内蒙古自治区呼和浩特市回民区、赛罕区、托克托县、和林格尔县、清水河县、玉泉区。

危害方式：侵占。

发生面积：7 260 亩。

高山黄华 *Thermopsis alpina*

草 地 类：温性山地草甸类草原。

分布范围：内蒙古自治区、河北省、山西省、陕西省、宁夏回族自治区、甘肃省等。

发生地点：内蒙古自治区呼和浩特市回民区、玉泉区、赛罕区、和林格尔县、武川县、清水河县。

危害方式：侵占。

发生面积：6 360 亩。

苦马豆 *Sphaerophysa salsula*

草 地 类：温性山地草甸类草原。

分布范围：吉林省、辽宁省、内蒙古自治区、河北省、山西省、陕西省、宁夏回族自治区、甘肃省、青海省、新疆维吾尔自治区等。

发生地点：内蒙古自治区呼和浩特市和林格尔县。

危害方式：侵占。

发生面积：3 260 亩。

砂珍棘豆 *Oxytropis racemosa*

草 地 类：温性山地草甸类草原。

分布范围：东北、华北地区及内蒙古自治区、陕西省、甘肃省、宁夏回族自治区等。

发生地点：内蒙古自治区呼和浩特市清水河县。

危害方式：侵占。

发生面积：2 260 亩。

2. 荨麻科 Urticaceae

狭叶荨麻 *Urtica angustifolia*

草 地 类：温性山地草甸类草原。

分布范围：黑龙江省、吉林省、辽宁省、内蒙古自治区、山东省、河北省、山西省等。

发生地点：内蒙古自治区呼和浩特市清水河县、武川县。

危害方式：侵占。

发生面积：5 260 亩。

（二）牻牛儿苗目 Geraniales

1. 蒺藜科 Zygophyllaceae

蒺藜 *Tribulus terrestris*

草 地 类：温性山地草甸类草原。

分布范围：全国各地均有分布。

发生地点：内蒙古自治区呼和浩特市玉泉区、赛罕区、托克托县、清水河县、和林格尔县、土默特左旗。

危害方式：侵占。

发生面积：4 600 亩。

（三）管状花目 Tubiflorae

1. 旋花科 Convolvulaceae

菟丝子 *Cuscuta chinensis*

草 地 类：温性山地草甸类草原。

分布范围：华北、华东、中南、西北及西南等地区。

发生地点：内蒙古自治区呼和浩特市玉泉区、赛罕区、托克托县、和林格尔县、清水河县。

危害方式：侵占。

发生面积：6 660 亩。

2. 茄科 Solanaceae

天仙子 *Hyoscyamus niger*

草 地 类：温性山地草甸类草原。

分布范围：东北、华北、西北及西南等地区，华东地区有栽培或逸为野生。

发生地点：内蒙古自治区呼和浩特市武川县、清水河县、回民区、玉泉区。

危害方式：侵占。

发生面积：3 260 亩。

（四）桔梗目 Campanulales

1. 菊科 Asteraceae

苍耳 *Xanthium strumarium*

草 地 类：温性山地草甸类草原。

分布范围：全国各地均有分布。

发生地点：内蒙古自治区呼和浩特市赛罕区、托克托县、和林格尔县、清水河县、新城区、土默特左旗。

危害方式：侵占。

发生面积：9 800 亩。

欧亚蓝刺头 *Echinops sphaerocephalus*

草 地 类：温性山地草甸类草原。

分布范围：新疆维吾尔自治区、内蒙古自治区、宁夏回族自治区、陕西省、山西省、山东省等。

发生地点：内蒙古自治区呼和浩特市赛罕区、和林格尔县、武川县、清水河县、新城区。

危害方式：侵占。

发生面积：6 500 亩。

飞廉 *Carduus nutans*

草 地 类：温性山地草甸类草原。

分布范围：陕西省、黑龙江省、北京市、内蒙古自治区、吉林省、河北省、新疆维吾尔自治区、山西省、辽宁省、青海省等。

发生地点：内蒙古自治区呼和浩特市玉泉区、武川县、清水河县、回民区、和林格尔县。

危害方式：侵占。

发生面积：8 800 亩。

鹤虱 *Lappula myosotis*

草 地 类：温性山地草甸类草原。

分布范围：河南省、山西省、陕西省、甘肃省、贵州省、内蒙古自治区等。

发生地点：内蒙古自治区呼和浩特市托克托县、清水河县。

危害方式：侵占。

发生面积：6 760 亩。

刺儿菜 *Cirsium arvense* var. *integrifolium*

草 地 类：温性山地草甸类草原。

分布范围：全国各地均有分布。

发生地点：内蒙古自治区呼和浩特市和林格尔县、清水河县、玉泉区。

危害方式：侵占。

发生面积：4 900 亩。

小蓬草 *Erigeron canadensis*

草 地 类：温性山地草甸类草原。

分布范围：全国各地。

发生地点：内蒙古自治区呼和浩特市清水河县。

危害方式：侵占。

发生面积：1 960 亩。

（五）木贼目 Equisetales

1. 木贼科 Equisetaceae

木贼 *Equisetum hyemale*

草 地 类：温性山地草甸类草原。

分布范围：东北、华北地区及长江流域等。

发生地点：内蒙古自治区呼和浩特市赛罕区。

危害方式：侵占。

发生面积：2 160 亩。

黄花刺茄 *Solanum rostratum*

草 地 类：温性山地草甸类草原。

分布范围：辽宁省、吉林省、河北省、北京市、新疆维吾尔自治区、内蒙古自治区等。

发生地点：内蒙古自治区呼和浩特市赛罕区、托克托县、玉泉区、回民区、土默特左旗。

危害方式：侵占。

发生面积：8 230 亩。

（六）毛茛目 Ranales

1. 毛茛科 Ranunculaceae

翠雀 *Delphinium grandiflorum*

草 地 类：温性山地草甸类草原。

分布范围：内蒙古自治区、云南省、山西省、河北省、宁夏回族自治区、贵州省、四川省等。

发生地点：内蒙古自治区呼和浩特市回民区、武川县。

危害方式：侵占。

发生面积：3 500 亩。

（七）桃金娘目 Myrtales

1. 瑞香科 Thymelaeaceae

瑞香狼毒 *Stellera chamaejasme*

草 地 类：温性山地草甸类草原。

分布范围：黑龙江省、吉林省、辽宁省、河北省、内蒙古自治区、甘肃省、青海省、宁夏回族自治区、西藏自治区等。

发生地点：内蒙古自治区呼和浩特市回民区、武川县、清水河县、土默特左旗。

危害方式：侵占。

发生面积：4 000 亩。

（八）捩花目 Contortae

1. 夹竹桃科 Apocynaceae

萝藦 *Cynanchum rostellatum*

草 地 类：温性山地草甸类草原。

分布范围：东北、华北、华东地区及甘肃省、陕西省、贵州省、河南省、湖北省等。

发生地点：内蒙古自治区呼和浩特市玉泉区、托克托县、和林格尔县。

危害方式：侵占。

发生面积：6 000 亩。

2. 龙胆科 Gentianaceae

达乌里秦艽 *Gentiana dahurica*

草 地 类：温性山地草甸类草原。

分布范围：四川北部及西北部，以及西北、华北、东北等地区。

发生地点：内蒙古自治区呼和浩特市和林格尔县。

危害方式：侵占。

发生面积：3 600 亩。

3. 萝藦科 Asclepiadaceae

地梢瓜 *Cynanchum thesiodes*

草 地 类：温性山地草甸类草原。

分布范围：黑龙江省、吉林省、辽宁省、内蒙古自治区、河北省、河南省、山东省、山西省、陕西省、甘肃省、新疆维吾尔自治区、江苏省等。

发生地点：内蒙古自治区呼和浩特市和林格尔县。

危害方式：侵占。

发生面积：2 100 亩。

（九）无患子目 Sapindales

1. 白刺科 Nitrariaceae

骆驼蓬 *Peganum harmala*

草 地 类：温性山地草甸类草原。

分布范围：宁夏回族自治区、内蒙古自治区、甘肃省、新疆维吾尔自治区、西藏自治区等。

发生地点：内蒙古自治区呼和浩特市托克托县、土默特左旗。

危害方式：侵占。

发生面积：2 260 亩。

（十）蓼目 Polygonales

1. 蓼科 Polygonaceae

酸模 *Rumex acetosa*

草 地 类：温性山地草甸类草原。

分布范围：全国各地均有分布。

发生地点：内蒙古自治区呼和浩特市和林格尔县。

危害方式：侵占。

发生面积：1 300 亩。

四、菌物界 Fungi

真菌类 Fungi

子囊菌门 Ascomycota

（一）白粉菌目 Erysiphales

1. 白粉菌科 Erysiphaceae

披针叶野决明白粉病 *Erysiphe thermopsidis*

寄　　主：披针叶野决明。

草 地 类：温性山地草甸类草原。

分布范围：内蒙古自治区、山西省、吉林省、青海省等。

发生地点：内蒙古自治区呼和浩特市回民区。

危害部位：叶部、茎部。

发生面积：3 700 亩。

车前白粉病 *Erysiphe cichoracearum*

寄　　主：车前。

草 地 类：温性山地草甸类草原。

分布范围：全国各地均有分布。

发生地点：内蒙古自治区呼和浩特市玉泉区、赛罕区。

危害部位：叶部。

发生面积：2 300 亩。

胡枝子白粉病 *Erysiphe glycines*

寄　　主：胡枝子。

草 地 类：温性山地草甸类草原。

分布范围：全国各地均有分布。

发生地点：内蒙古自治区呼和浩特市玉泉区、和林格尔县、清水河县。

危害部位：叶部、茎部、叶柄部。

发生面积：3 200 亩。

米口袋白粉病 *Microsphaera berberidis*

寄　　主：米口袋。

草 地 类：温性山地草甸类草原。

分布范围：甘肃省、新疆维吾尔自治区、内蒙古自治区、辽宁省等。

发生地点：内蒙古自治区呼和浩特市托克托县、和林格尔县、武川县、清水河县。

危害部位：叶部、茎部。

发生面积：8 900 亩。

草木樨白粉病 *Erysiphe pisi*

寄　　主：草木樨。

草 地 类：温性山地草甸类草原。

分布范围：新疆维吾尔自治区、甘肃省、陕西省、山西省、河北省、北京市、内蒙古自治区、辽宁省、吉林省等。

发生地点：内蒙古自治区呼和浩特市和林格尔县。

危害部位：叶部、茎部、花梗、荚果。

发生面积：2 260 亩。

苜蓿白粉病 *Leveillula leguminosarum*

寄　　主：苜蓿。

草 地 类：温性山地草甸类草原。

分布范围：甘肃省、新疆维吾尔自治区、陕西省、贵州省、云南省、吉林省、辽宁省、内蒙古自治区、四川省、山西省等。

发生地点：内蒙古自治区呼和浩特市和林格尔县。

危害部位：叶部、叶柄部、茎部、荚果。

发生面积：3 300 亩。

田旋花白粉病 *Erysiphe convolvuli*

寄　　主：田旋花。

草 地 类：温性山地草甸类草原。

分布范围：全国各地均有分布。

发生地点：内蒙古自治区呼和浩特市和林格尔县。

危害部位：叶部、叶柄部、茎部。

发生面积：2 300 亩。

苦荬菜白粉病 *Erysiphe cichoracearum*

寄　　主：苦荬菜。

草 地 类：温性山地草甸类草原。

分布范围：陕西省、内蒙古自治区、江苏省、浙江省、福建省、安徽省、台湾省、江西省、湖南省、广东省、广西壮族自治区、贵州省、四川省、云南省等。

发生地点：内蒙古自治区呼和浩特市清水河县、回民区。

危害部位：叶部。

发生面积：2 300 亩。

草木樨状黄芪白粉病 *Erysiphe pisi*

寄　　主：草木樨状黄芪。

草 地 类：温性山地草甸类草原。

分布范围：东北、华北地区和长江流域各省市。

发生地点：内蒙古自治区呼和浩特市和林格尔县。

危害部位：叶部、茎部、花梗、荚果。

发生面积：2 880 亩。

担子菌门 Basidiomycota

（一）柄锈菌目 Pucciniales

1. 柄锈菌科 Pucciniaceae

委陵菜锈病 *Phragmidium* Link

寄　　主：委陵菜。

草 地 类：温性山地草甸类草原。

分布范围：山东省、辽宁省、安徽省、河北省、河南省、内蒙古自治区、湖北省、江苏省、广西壮族自治区、福建省等。

发生地点：内蒙古自治区呼和浩特市回民区、武川县、赛罕区。

危害部位：叶部、花、果实。

发生面积：6 000 亩。

铁线莲锈病 *Puccinia clematidicola*

寄　　主：铁线莲。

草 地 类：温性山地草甸类草原。

分布范围：广西壮族自治区、广东省、湖南省、江西省、内蒙古自治区等。

发生地点：内蒙古自治区呼和浩特市玉泉区。

危害部位：叶部、枝干。

发生面积：3 300 亩。

半知菌亚门 Deuteromycotina

（一）丝孢目 Hyphomycetales

1. 链格孢属 Alternaria

羊草叶斑病 *Alternaria* sp.

寄　　主：羊草。

草 地 类：温性山地草甸类草原。

分布范围：内蒙古自治区、甘肃省、青海省、宁夏回族自治区、西藏自治区等。

发生地点：内蒙古自治区呼和浩特市回民区、玉泉区、和林格尔县、赛罕区、托克托县、武川县、清水河县、土默特左旗。

危害部位：叶部。

发生面积：6 700 亩。

参考文献

[1] 白金铠. 中国真菌志：第 17 卷（壳二胞属　壳针孢属）[M]. 北京：科学出版社，2003.

[2] 白金铠. 中国真菌志：第 15 卷（茎点霉属　叶点霉属）[M]. 北京：科学出版社，2003.

[3] 蔡荣权. 中国经济昆虫志：第十六册（鳞翅目　舟蛾科）[M]. 北京：科学出版社，1979.

[4] 曾士迈，杨演. 植物病害流行学[M]. 北京：农业出版社，1986.

[5] 陈捷. 现代植物病理学研究方法[M]. 北京：农业出版社，2007.

[6] 陈树椿. 中国珍稀昆虫图鉴[M]. 北京：中国林业出版社，1999.

[7] 陈一心. 中国经济昆虫志：第三十二册　鳞翅目　夜蛾科（四）[M]. 北京：科学出版社，1985.

[8] 戴芳澜. 中国真菌总汇[M]. 北京：科学出版社，1979.

[9] 中国科学院动物研究所. 中国经济昆虫志[M]. 北京：科学出版社，1959.

[10] 董金皋. 农业植物病理学：北方本[M]. 北京：中国农业出版社，2001.

[11] 范滋德. 中国经济昆虫志：第三十七册（双翅目　花蝇科）[M]. 北京：科学出版社，1988.

[12] 方承莱. 中国经济昆虫志：第三十三册（鳞翅目　灯蛾科）[M]. 北京：科学出版社，1985.

[13] 方中达. 植病研究方法[M]. 3 版. 北京：中国农业出版社，1997.

[14] 方中达. 中国农业植物病害[M]. 北京：中国农业出版社，1996.

[15] 葛钟麟，丁锦华. 中国经济昆虫志：第二十七册（同翅目　飞虱科）[M]. 北京：科学出版社，1984.

[16] 葛钟麟. 中国经济昆虫志：第十册（同翅目　叶蝉科）[M]. 北京：科学出版社，1966.

[17] 韩崇选，杨学军，王明春，等. 农林啮齿动物灾害环境修复与安全诊断[M]. 杨凌：西北农业科技大学出版社，2004.

[18] 韩运发. 中国经济昆虫志：第五十五册（缨翅目）[M]. 北京：科学出版社，1997.

[19] 何俊华，陈学新，马云. 中国经济昆虫志：第五十一册（膜翅目　姬蜂科）[M]. 北京：科学出版社，1996.

[20] 贺伟，叶建仁. 森林病理学[M]. 2 版. 北京：中国林业出版社，2017.
[21] 贺运春. 真菌学[M]. 北京：中国林业出版社，2008.
[22] 黄大卫. 中国经济昆虫志：第四十一册　膜翅目　金小蜂科（一）[M]. 北京：科学出版社，1993.
[23] 黄年来. 中国大型真菌原色图鉴[M]. 北京：中国农业出版社，1998.
[24] 蒋金炜，乔红波，安世恒. 农田常见昆虫图鉴[M]. 郑州：河南科学技术出版社，2014.
[25] 蒋书楠，蒲富基，华立中. 中国经济昆虫志：第三十五册　鞘翅目　天牛科（三）[M]. 北京：科学出版社，1985.
[26] 康振生. 植物病原真菌的超微结构[M]. 北京：中国科学技术出版社，1995.
[27] 赖传雅，袁高庆. 农业植物病理学：华南本[M]. 2 版. 北京：科学出版社，2008.
[28] 李铁生. 中国经济昆虫志：第三册（膜翅目　胡蜂总科）[M]. 北京：科学出版社，1985.
[29] 李铁生. 中国经济昆虫志：第三十八册　双翅目　蠓科（二）[M]. 北京：科学出版社，1988.
[30] 李铁生. 中国经济昆虫志：第十三册（双翅目　蠓科）[M]. 北京：科学出版社，1978.
[31] 廖定熹，李学骝，庞雄飞，等. 中国经济昆虫志：第三十四册　膜翅目　小蜂总科（一）[M]. 北京：科学出版社，1987.
[32] 刘崇乐. 中国经济昆虫志：第五册（鞘翅目　瓢虫科）[M]. 北京：科学出版社，1963.
[33] 刘大群，董金皋. 植物病理学导论[M]. 北京：科学出版社，2007.
[34] 刘友樵，白九维. 中国经济昆虫志：第十册　鳞翅目　卷蛾科（一）[M]. 北京：科学出版社，1977.
[35] 陆家云. 植物病害诊断[M]. 北京：中国农业出版社，1997.
[36] 陆家云. 植物病原真菌学[M]. 北京：中国农业出版社，2001.
[37] 马文珍. 中国经济昆虫志（鞘翅目　花金龟科、斑金龟科、弯腿金龟科）[M]. 北京：科学出版社，1995.
[38] 慕立义. 植物化学保护研究方法[M]. 北京：中国农业出版社，1994.
[39] 庞雄飞，毛金龙. 中国经济昆虫志：第十四册　鞘翅目　瓢虫科（二）[M]. 北京：科学出版社，1979.
[40] 蒲富基. 中国经济昆虫志：第十九册　鞘翅目　天牛科（二）[M]. 北京：科学出版社，1980.
[41] 裘维蕃. 菌物学大全[M]. 北京：科学出版社，1998.
[42] 邵力平，沈瑞祥，张素轩. 真菌分类学[M]. 北京：中国林业出版社，1984.
[43] 沈萍，陈向东. 微生物学[M]. 2 版. 北京：高等教育出版社，2006.

[44] 谭娟杰，虞佩玉，李鸿光，等. 中国经济昆虫志：第十九册　鞘翅目　叶甲总科（一）[M]. 北京：科学出版社，1980.

[45] 唐觉，李参. 中国经济昆虫志：第四十七册　膜翅目　蚁科（一）[M]. 北京：科学出版社，1995.

[46] 王金生. 植物病理生理学[M]. 北京：中国农业出版社，1999.

[47] 王平远. 中国经济昆虫志：第二十一册（鳞翅目　螟蛾科）[M]. 北京：科学出版社，1980.

[48] 王子清. 中国经济昆虫志：第二十四册（同翅目　粉蚧科）[M]. 北京：科学出版社，1982.

[49] 王子清. 中国经济昆虫志：第四十三册（同翅目　蚧总科）[M]. 北京：科学出版社，1994.

[50] 王遵明. 中国经济昆虫志：第四十五册　双翅目　虻科（二）[M]. 北京：科学出版社，1994.

[51] 王遵明. 中国经济昆虫志：第二十六册（双翅目　虻科）[M]. 北京：科学出版社，1983.

[52] 魏景超. 真菌鉴定手册[M]. 上海：上海科学技术出版社，1979.

[53] 吴光金. 经济林病理学[M]. 北京：中国林业出版社，1986.

[54] 吴时英. 城市森林病虫害图鉴[M]. 上海：上海科学技术出版社，2005.

[55] 吴燕如，周勤. 中国经济昆虫志：第五十二册（膜翅目　泥蜂科）[M]. 北京：科学出版社，1996.

[56] 吴燕如. 中国经济昆虫志：第九册（膜翅目　蜜蜂总科）[M]. 北京：科学出版社，1965.

[57] 吴一鸣. 草原鼠害对草原的影响及防治对策 [J]. 中国畜牧业，2023（19）：41-42.

[58] 项存梯. 林病研究法[M]. 哈尔滨：东北林业大学出版社，1991.

[59] 谢联辉. 普通植物病理学[M]. 北京：科学出版社，2006.

[60] 邢来君，李明春. 普通真菌学[M]. 北京：高等教育出版社，1999.

[61] 徐天森，舒金平. 昆虫采集制作及主要目科简易识别手册[M]. 北京：中国林业出版社，2015.

[62] 许誉凡. 金川区鼠害防治的必要性及防治技术方案[J]. 农业与技术，2020，40（6）：54-56.

[63] 许志刚. 普通植物病理学[M]. 4 版. 北京：高等教育出版社，2009.

[64] 薛煜，刘雪峰，项存悌. 林病研究法[M]. 哈尔滨：东北林业大学出版社，2014.

[65] 杨旺. 森林病理学[M]. 北京：中国林业出版社，1996.

[66] 杨惟义. 中国经济昆虫志：第二册（半翅目　蝽科）[M]. 北京：科学出版社，1962.

[67] 殷惠芬，黄复生，李兆麟. 中国经济昆虫志：第二十九册（鞘翅目　小蠹科）[M]. 北京：科学出版社，1984.
[68] 银花. 草原鼠害对草原的影响与防治措施探析[J]. 南方农业，2023，17（16）：220-222.
[69] 虞佩玉，王书永，杨星锋. 中国经济昆虫志：第五十四册　鞘翅目　叶甲总科（二）[M]. 北京：科学出版社，1996.
[70] 张广学，钟铁森. 中国经济昆虫志：第二十五册　同翅目　蚜虫类（一）[M]. 北京：科学出版社，1983.
[71] 张巍巍，李元胜. 中国昆虫生态大图鉴[M]. 重庆：重庆大学出版社，2011.
[72] 张巍巍. 昆虫家谱[M]. 重庆：重庆大学出版社，2014.
[73] 张中义. 观赏植物真菌病害[M]. 成都：四川科学技术出版社，1992.
[74] 章士美. 中国经济昆虫志（半翅目）[M]. 北京：科学出版社，1995.
[75] 赵养昌. 中国经济昆虫志：第四册（鞘翅目　拟步行虫科）[M]. 北京：科学出版社，1963.
[76] 赵养昌. 中国经济昆虫志　鞘翅目　象甲科（一）[M]. 北京：科学出版社，1980.
[77] 赵仲苓. 中国经济昆虫志：第四十二册　鳞翅目　毒蛾科（二）[M]. 北京：科学出版社，1994.
[78] 赵仲苓. 中国经济昆虫志：第十二册（鳞翅目　毒蛾科）[M]. 北京：科学出版社，1978.
[79] 中国林业科学研究院. 中国森林病害[M]. 北京：中国林业出版社，1984.
[80] 周尧，路进生，黄桔，等. 中国经济昆虫志：第三十六册（同翅目　蜡蝉总科）[M]. 北京：科学出版社，1985.
[81] 周尧. 中国蝶类志[M]. 2 版. 郑州：河南科学技术出版社，2000.
[82] 周尧. 中国蝴蝶分类与鉴定[M]. 郑州：河南科学技术出版社，1998.
[83] 周与良，邢来君. 真菌学[M]. 北京：高等教育出版社，1986.
[84] 周仲铭. 林木病理学[M]. 北京：中国林业出版社，1990.
[85] 朱弘复，陈一心. 中国经济昆虫志：第三册　鳞翅目　夜蛾科（一）[M]. 北京：科学出版社，1963.
[86] 朱弘复，方承来，王林瑶. 中国经济昆虫志：第七册　鳞翅目　夜蛾科（三）[M]. 北京：科学出版社，1963.
[87] 朱弘复，王林瑶. 中国经济昆虫志：第二十二册（鳞翅目　天蛾科）[M]. 北京：科学出版社，1980.
[88] 朱弘复，杨集昆，陆近仁，等. 中国经济昆虫志：第六册　鳞翅目　夜蛾科（二）[M]. 北京：科学出版社，1964.

[89] 朱弘复. 蛾类图册[M]. 北京：科学出版社，1973.

[90] 宗兆峰，康振生. 植物病理学原理[M]. 北京：中国农业出版社，2002.